KB218522

일회용 지구에 관한
9가지 질문

일회용 지구에 관한 9가지 질문

기후위기와 인류세의 종말

정종수 지음

플루토

추천사

《일회용 지구에 관한 9가지 질문》은 현재 우리가 직면한 기후와 환경문제를 깊이 분석하고 그 해결책을 모색하는 중요한 저작입니다. 오랜 시간 동안 환경 이슈를 연구해온 정종수 박사님이 그 지식을 바탕으로 일반 독자가 이해하기 쉽도록 쓰신 책입니다. 각 장은 기후변화, 플라스틱 문제, 대기오염 등 다양한 주제를 다루며, 이러한 문제들이 우리 삶에 미치는 영향을 명확하게 설명합니다. 특히 기후위기와 관련된 다양한 질문에 깊고 통찰력 있는 답을 제시하며, 독자가 문제의 본질을 이해하고 해결의 실마리를 찾도록 돕습니다. 독자에게 단순한 정보를 제공하는 것을 넘어 행동이 필요함을 일깨우는 강력한 메시지를 전달하는 이 책은 기후 환경문제에 관심 있는 모든 이의 필독서입니다. 이 책을 통해 많은 이가 환경을 생각하고 행동하는 계기를 마련할 수 있기를 기대합니다.

염성수 | 연세대학교 대기과학과 교수, 전 한국과학기술연구원KIST 기후·환경연구소 소장

《일회용 지구에 관한 9가지 질문》은 우리가 살고 있는 지구가 처한 위기와 그 해결책을 심도 있게 탐구한 뛰어난 책입니다. 지은이 정종수 박사님은 환경 분야에 대한 폭넓은 연구와 주제에 대한 깊은 이해를 바탕으로 복잡한 이슈들을 명쾌하게 풀어냈습니다. 기후변화, 자원고갈, 플라스틱 오염 등 다양한 주제를 다루는 이 책은, 현대사회에 이

러한 문제들이 미치는 영향을 생생하게 전달합니다. 특히 과학기술 발전이 미래 환경문제 해결에 어떻게 기여할 수 있는지를 탐구하는 부분은 로봇 분야를 연구해온 저에게도 큰 영감을 줍니다. 지은이는 독자에게 문제의 본질을 이해하게 하고, 장기적 해결책을 모색하는 데 필수적인 인사이트를 제공합니다. 독자는 이 책을 통해 지속 가능한 미래를 위해 함께 고민하고 행동해야 할 필요성을 느낄 수 있을 것입니다. 밝은 미래를 희망하는 모든 이에게 이 책을 강력히 추천합니다.

오상록 | KIST 원장

AI 시대, '질문하는 능력'이 인류가 가져야 할 최상위 능력이 되었습니다.

오만한 인류가 지구를 함부로 다룬 결과 환경오염, 생태계 파괴 그리고 지구온난화라는 인류가 감당하기 어려운 문제가 발생하고 있습니다.

지은이는 지구를 소홀히 다루는 인류에게 일회용이라는 단어로 따끔한 일침을 던지고 있습니다. 동시에 태양계의 아홉 개 행성 가운데 하나이며 유일하게 생명체가 존재하는 지구를 걱정하고, 태양계가 창조되는 순간을 생각하며 아홉 가지 질문을 창조하였습니다.

이 책은 아홉 가지 질문에 대해 현명함과 전문 지식에 바탕하고 깨달음 가득한 답을 제시합니다. 아홉 개 행성 가운데 하나인 지구를 다시 생각하며, 아홉 가지 질문과 답을 통해 아폴로 우주선에서 바라본 신비로운 파란색 지구의 회복에 관해 고민하는 시간을 창조하는 책입니다.

이상협 | 국가녹색기술연구소 소장

머리말

2024년 6월부터 한반도를 강타한 폭우가 한 달 내내 끊임없이 쏟아졌습니다. 이로 인해 산기슭이 무너지고, 논과 밭이 물에 잠겼으며, 둑이 무너져 수많은 생명이 위태로웠습니다.

이러한 기후재앙은 마치 코로나19처럼 우리 일상 속에 불쑥 들어와 큰 충격을 안깁니다. 온실가스와 지구온난화로 녹아내리는 북극 빙하를 헤매는 북극곰을 텔레비전에서 보면서 우리는 잠시 연민을 느끼곤 하지만, 북극곰과 같은 처지는 더 이상 남의 일이 아닙니다. 기후위기는 우리에게 현실로 다가왔습니다. 기후변화로 인한 극단적인 날씨, 해수면 상승, 대기오염, 생물 다양성 감소는 날이 갈수록 심각해지고 있습니다.

지난 수십 년간 국제기구와 각국 정부, 기업, 시민단체가 다양한 해결책을 제시해왔지만 실제 문제 해결 능력과 지속 가능성을 고려하지 않아 실질적인 효과는 미미했습니다. 플라스틱 빨대와 일회용 비닐봉투에 대한 규제가 대표적인 예입니다. 대체재인 종이 빨대와 에코백은 오히려 더 많은 자원을 소비하는 경우가 많습니다. 종이를 생산하는 과정에서는 플라스틱을 생산할 때보다 이산화탄소가 다섯 배 많이 배출되며, 면 소재인 에코백은 수백 번 재사용하지 않으면 비닐봉지보다 환경에 더 해로울 수 있습니다.

물론 일회용품 사용을 줄이려는 개인의 노력은 여전히 중요합니다. 하지만 이제는 기후 환경문제에 관해 목소리를 내는 것을 넘어 행동으로 옮겨야 할 시점입니다. 단순히 눈앞의 현상을 덮는 것이 아니라 근본적 원인을 제거해야 환경문제를 해결할 수 있다는 점을 인식해야 합니다. 예를 들어 에너지를 많이 소비하는 주요 산업들을 지속 가능한 방향으로 완전히 전환하는 것만이 실제로 효과를 낼 수 있는 길입니다.

《일회용 지구에 관한 9가지 질문》은 이러한 현실을 직시하며, 과학적 근거에 기반한 분석을 바탕으로 실천 가능한 해결책을 모색하는 책입니다. 복잡한 기후변화와 환경문제를 탐구하고, 이를 극복하기 위한 행동을 함께 고민하고자 합니다. 인류세Anthropocene라는 지질학적 시대는 인간의 활동이 지구에 미치는 영향을 명확히 드러냅니다. 기후변화, 생물 다양성 감소, 환경오염 문제는 이 시대를 상징하는 과제입니다. 이러한 문제들은 개인의 노력과 선의만으로 해결할 수 없습니다.

이 책은 기후위기, 플라스틱 문제, 생태계 회복 가능성 등 다양한 주제를 다루며, 독자가 환경문제의 심각성을 이해하고 실질적인 해결책을 선택하도록 돕습니다. 눈앞의 문제들을 해결하기 위해서는 정책 제안과 정치 참여 등 다양한 방안이 필요하며, 모두 함께 행동해야 합니다.

물론 지구와 환경문제는 복잡하고 이해하기 어려운 측면이 있습니다. 독자가 기후 환경문제의 복잡성을 제대로 이해하는 데 이 책이 도움이 되기를 바랍니다. 과거의 교훈을 바탕으로 현재와 미래의 기후위기와 환경문제의 해법을 찾는 지식과 통찰력을 얻을 수 있다면 저로서는 무척 기쁠 것입니다. 우리가 인류세의 종말을 막고 지구를 일회용으로 사용하지 않기 위해 해야 할 일을 바르게 이해하고 실행하는 데 이 책이 출발점이 되기를 바랍니다.

홍릉의 KIST 기후·환경연구소 연구실에서

정종수 올림

차례

3장 환경과 생태계는 회복될 수 있을까

4장 우리나라 대기오염과 미세먼지의 원인

5장 환경문제 해결의 발자취

6장 친환경 에너지 전환은 가능할까

7장 원자력발전은 악인가 선인가

8장 환경을 위해 무엇을 해야 하나

9장 가까운 미래에 대한 상상

ECO

1장

인류는 기후위기를 해결할 수 있을까

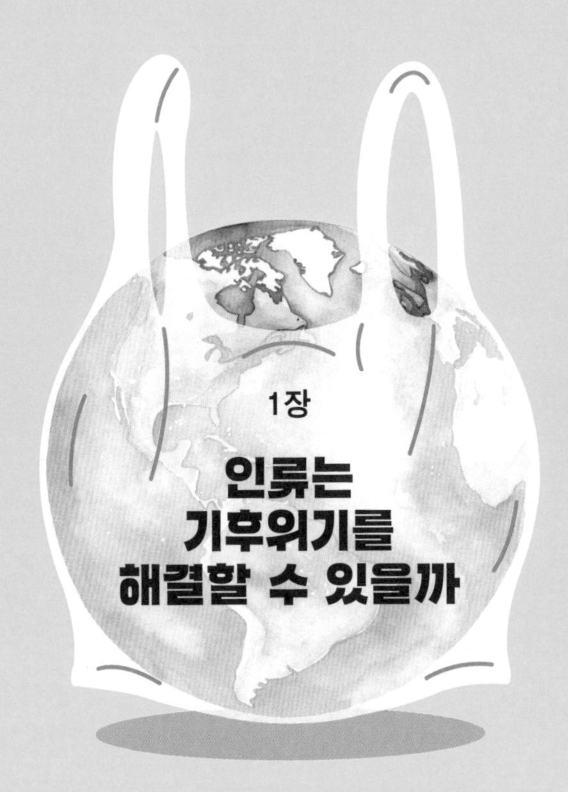

기상이변과 자연재해의 관계

2023년 여름 우리나라는 이례적인 극한 호우, 폭염 그리고 태풍의 공세를 맞았습니다. 예컨대 태풍 '카눈'이 일반적인 태풍 수명의 세 배가 넘는 시간 동안 존속하며 태평양에서 두 번이나 크게 방향을 전환하고는 한반도를 수직으로 관통했습니다. 모든 것이 이례적이어서 모든 국민이 처음으로 이러한 상황을 겪어야 했습니다.

최근의 기상 변동성을 기상학자들은 '슈퍼컴퓨터로도 예측하기 불가능한 수준'이라고 표현합니다. 기상 상태를 예측할 때는 과거의 기상 관측 기록을 기반으로 제작한 예보 모델에 현재의 관측 결과를 적용하고 슈퍼컴퓨터를 이용합니다. 그러나 대기의 기

2023년 8월 10일 태풍 카눈이 경남 창원에 시간당 60밀리미터가 넘는 폭우를 쏟아서 많은 차가 물에 잠겼다. © 연합뉴스

상 현상을 물리 방정식으로 풀어내는 예보 모델은 완벽하지 않습니다. 더욱이 현재의 기상 현상은 과거 관측 기록의 범위를 넘어서 있기 때문에 예측하기가 더욱 어렵습니다.

이전에 볼 수 없었던 기상 현상과 그로 인해 증가한 자연재해는 모두 기후변화 때문에 일어났을까요? 대다수는 '그렇다'고 생각합니다. 하지만 '기후변화가 이례적 기상 현상과 직접적으로 연결돼 있다고 볼 수는 없다'라는 반론도 있습니다.

기상이변에 관한 상반되는 인식을 가상 토론으로 표현하면 다음과 같습니다.

A: 요즘 기후변화 문제가 심각해지면서 기상이변이 잦아진 것 같아요. 이런 현상은 분명 기후변화와 연관 있어 보이는데요.

B: 기상 데이터가 그렇게 보이더라도 모든 것을 기후변화 탓으로 돌리기는 어렵지 않을까요? 기상에 영향을 미치는 요소는 많고, 일부는 인간 활동과 무관한 자연현상이거든요.

C: 두 사람 말이 모두 맞는 것 같아요. 기후변화와 기상이변은 관계가 복잡하니까요. 하나의 원인보다는 여러 요소가 상호작용한 결과라고 볼 수 있을 듯해요.

A: 그래도 이런 기상이변에 대한 대책이 필요하지 않을까요? 특히 농작물 생산이나 물 부족 문제에 큰 영향을 미치니까요.

B: 정말 그래요. 하지만 기후변화만 탓하기보다는, 기상이변에 영향을 미치는 여러 요소를 생각해야 할 것 같아요.

기상이변 증가는 기후변화 때문인가

기후변화와 극한 기상 현상 그리고 자연재해의 관련성을 밝히려는 연구자들에 의하면 지구온난화로 해수면이 상승함에 따라 해양 온도와 염분이 변화하면서 태풍과 홍수의 빈도와 강도가 증가했습니다. 지구온난화 때문에 열대지방의 기온이 높아져 태풍의 강도와 빈도가 증가했다고 주장하는 학자도 있습니다.

반면 기후변화와 기상이변의 증가에 '상관관계'가 있긴 하지만 두 가지가 직접 연결된다는 '인과관계'에 관한 증거는 아직 부족하다는 반론도 있습니다. 지구의 기후와 기상은 항상 자연적으로 변동하므로, 우리가 지금 경험하는 극한 기상 현상도 자연적 기후 변동의 일부라는 것입니다. 사실 지구 역사를 통틀어 극한 기상 현상은 늘 일어났습니다. 산업화 이전에도 기상이변이 나타나곤 했습니다. 따라서 현재처럼 자주 발생하는 태풍과 홍수의 원인은 기후변화 외에도 화산 폭발, 엘니뇨, 라니냐 등 복합적인 요인 때문이라는 주장도 제기되고 있습니다.

기후변화와 기상이변의 숨은 연결 고리

그럼 기후변화와 기상이변은 어떤 연관이 있을까요? 기상이변, 극한기후extreme weather 혹은 이상기상이라고 부르는 현상은 평소의 변화 범위를 크게 벗어나는 기상 변동을 뜻합니다. 주요 원인은 지구온난화, 엘니뇨, 북극 진동, 제트기류 같은 요소로 여겨집니다.

지구온난화는 대기 중 이산화탄소 등의 온실가스가 증가하여 발생합니다. 이에 따라 지구의 온도가 상승하면 기후 패턴이 크게 변화합니다.

엘니뇨는 적도 부근의 태평양에서 무역풍이 약해지고 바다 밑에서 올라오던 차가운 물이 상승하지 못하게 되어 동태평양 해수면 온도가 평년보다 높아지는 현상입니다. 엘니뇨는 전 세계 기상

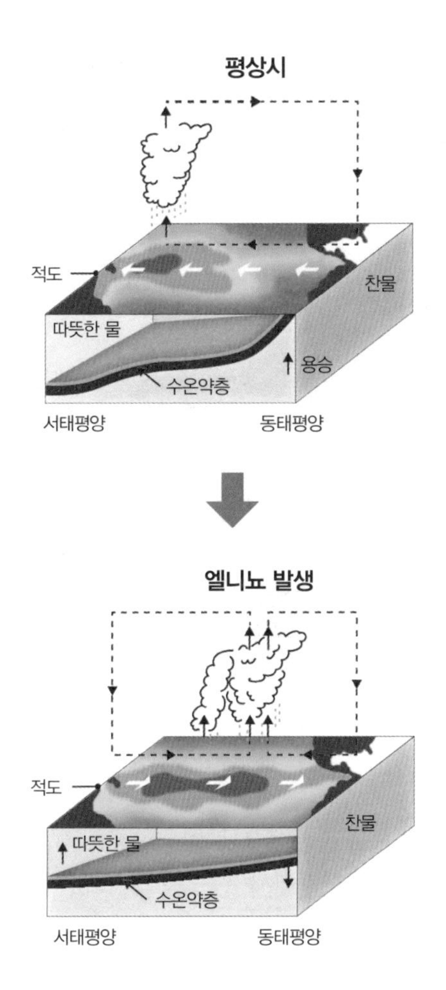

엘니뇨가 일어나는 과정

패턴에 큰 변화를 불러옵니다.

북극 진동은 북극 지역에 있는 찬 공기의 소용돌이 강도가 수십 일 주기로 바뀌는 현상입니다. 특히 성층권에서 승온이 발생하면 심한 북극 진동이 나타나 북극의 찬 공기가 남쪽으로 내려오고, 우

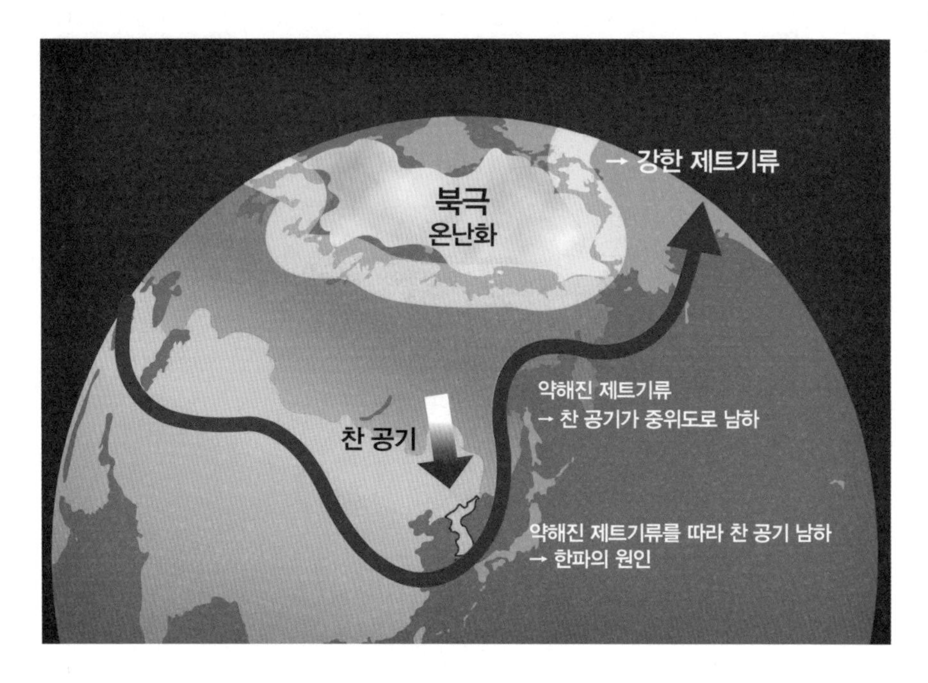

북극 진동이 음(–)의 값일 경우 중위도에 한파가 몰아친다. © 기상청

리나라 겨울철에 한파가 심해집니다.

제트기류는 대류권 상부에서 부는 풍속 30m/s 이상의 매우 강한 편서풍을 말합니다. 적도의 뜨거운 열이 차가운 극지방으로 이동하는 과정에서 생성되는데, 제트기류의 패턴이 변하면 폭염이나 장마 등이 장기간 이어집니다.

극한 기상 현상인 태풍과 홍수의 빈도와 강도가 증가하는 현상은 해양 온도가 높아지고 염분 농도가 낮아지는 현상과 관련 있습니다. 어째서 그럴까요? 바다 표면의 온도가 상승하면 대기 중으로 많은 물이 증발하고, 이렇게 데워진 공기의 상승 기류가 태풍을 형성합니다. 즉 기후변화 때문에 해양 온도가 높아지면 태풍의 발생 횟수와 강도가 증가합니다. 특히 해수면이 상승하여 조수간만의 차가 커지면 해안 지역에서 홍수가 발생할 위험성이 더욱 높아집니다.

과학적으로 100퍼센트 확실하지는 않다

현재까지 많은 연구자가 기후변화와 기상이변 그리고 자연재해의 관련성을 밝혀냈지만 근거가 완벽하지는 않습니다. 극한 기상 현상의 원인과 기후변화의 복잡한 상호작용을 완전히 규명하고 이해하기는 어렵기 때문입니다. 그러나 수많은 연구 결과는 기후변화가 기상이변의 빈도와 강도를 높인다는 것을 강하게 시사합니다. 여기에는 대다수 기후과학자가 동의합니다.

물론 기상이변의 원인이 단순히 기후변화 때문만은 아닙니다. 과학적 합의에 따르면 지구 환경의 다양한 요인이 복합적으로 영향을 미치니까요. 그러므로 기후변화와 기상이변, 자연재해의 인과관계를 계속 연구할 필요가 있습니다. 이러한 연구를 통해 기상이변과 기후변화의 복잡한 관계를 더욱 잘 이해하고 대응 방법을 찾아갈 수 있을 것입니다.

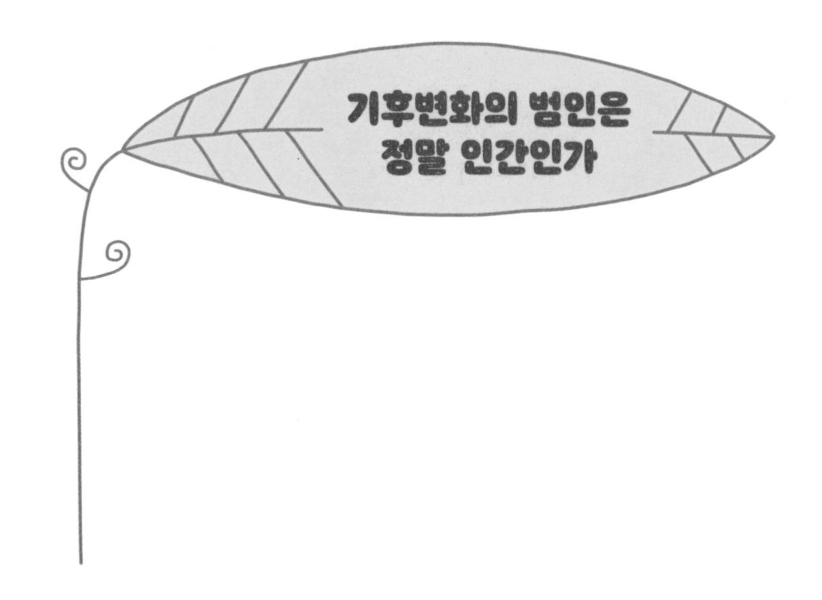

기후변화의 비밀

문제를 해결하기 위해 가장 중요한 것은 그 문제의 원인을 찾는 것입니다. 기후변화 문제에서도 먼저 원인에 관해 생각할 필요가 있습니다.

기후변화가 자연적 변화인지 아니면 인간의 활동 때문에 나타나는 위기인지에 대해서는 여전히 논란이 있습니다. 화석연료가 연소되며 배출된 이산화탄소가 온실가스 역할을 해서 지구온난화를 일으키고 기후를 변화시킨다고 주장하는 학자들에 따르면 원인은 인간의 활동입니다. 그렇다면 기후변화의 영향을 완화하고 환경이 더 악화하지 않도록 방지할 책임이 각 개인은 물론 산업계, 정부에도 있으므로 공동 행동이 필요합니다. 일반 시민들은 물론 전문가들도 이 문제에 관한 의견이 달라서 쟁점이 되고 있습니다.

기후변화의 책임에 관한 상반되는 양쪽 주장을 가상 토론 형식으로 이야기하겠습니다.

A: 기후변화는 당연히 인간의 화석연료 사용과 산업화가 낳은 결과입니다. 화석연료가 연소되어 대기로 배출된 이산화탄소가 지구온난화를 가져온 것이 확실합니다. 지구온난화로 남극과 북극의 빙하가 녹고 극심한 가뭄과 홍수, 폭염과 강한 태풍 등의 극단적인 기상 현상이 발생해서 기후변화가 나타납니다.

B: 그렇지 않습니다. 지구의 오랜 역사에 걸쳐 기후는 항상 변화해왔습니다. 태양 활동, 해류 변동 등 자연 요인들도 기후에 큰 영향을 미칩니다. 자연의 영향과 비교하면 온실가스 배출이 미치는 영향은 크지 않을 겁니다. 인간의 영향이 없다고 할 수는 없지만, 과대평가는 기후변화 해결에 도움이 되지 않습니다.

어느 쪽 주장이 기후변화의 주요 원인을 잘 설명하고 과학적 근거도 있을까요?

인간의 화석연료 사용과 이산화탄소 배출이 원인이다?

많은 과학자와 환경운동가는 기후변화의 주요 원인은 인간의 활동이 온실가스 농도를 증가시켰기 때문이라는 '인간기인론 anthropogenic climate change theory'을 주장합니다.

지구온난화와 기후변화의 원인에 대한 많은 연구가 우리가 사용하는 화석연료에 초점을 맞춰왔습니다. 석유, 석탄 등의 화석연료는 여러 산업에 대규모로 사용되어 우리 생활에 필요한 제품들을 공급해주는 고마운 존재입니다. 하지만 이들은 연소 과정에서 이산화탄소를 방출합니다. 대기 중 이산화탄소 농도가 증가하면 지구로부터 열이 방출되지 못하므로 기온 상승을 촉진하고, 이 현상이 지구온난화를 가속화한다는 주장입니다.

인류가 최초로 지구 대기 중 이산화탄소 농도를 측정한 해는 1959년입니다. 당시 318ppm이었던 이산화탄소 농도는 2000년에 이르러 400ppm을 넘었습니다. 과학자들의 연구에 의하면 산업혁명이 일어나기 전까지 80만 년간은 280ppm 정도를 안정적으로 유지했다고 합니다. 하지만 이후 인간의 산업 활동, 에너지 사용, 산림 벌채, 농업 등으로 인해 이산화탄소는 물론 메탄, 이산화질소 같은 온실가스의 농도가 대폭 상승했습니다. 그리고 수십 년 후에는 재앙 수준인 450ppm에 이를 것으로 예상됩니다.

자연현상일 뿐이다?

한편으로는 기후변화를 자연적으로 변화한 결과로 해석하는 의견도 있습니다. 이를 '자연기인론'이라고 합니다. 자연기인론에 따르면 지구의 기후 변동은 본래의 자연현상이고, 인간의 영향은 크지 않습니다. 지구 기후는 역사적으로 태양 활동, 화산 폭발, 해류 변화 같은 자연적 요인들에 의해 항상 변화해왔다는 것입니다.

자연현상에 기인한 요인들이 기후에 영향을 미친 것은 사실입니다. 지질층을 조사한 지질학자들은 빙하기와 간빙기 등으로 지구 기후가 크게 변화해왔다는 증거를 여러 지질시대에 걸쳐 찾아냈습니다. 남극 빙하를 조사하면 지난 수천 년간 대기 중의 이산화탄소 농도와 온도가 변화한 양상을 추적할 수 있습니다. 자연기인론에 따르면 현재의 기후 변동도 태양 활동, 화산 폭발 등 자연적 변화가 온실가스 농도와 기후에 영향을 미친 결과입니다.

하지만 일부에서는 기후과학적 연구 결과가 불확실하다고 의심합니다. 기후 모델링은 여러 변수로부터 복잡한 영향을 받으므로 미래의 기후변화를 정확히 예측하기는 힘들기 때문입니다.

인간의 책임에 대한 공방

기후위기의 원인에 대해 정반대되는 두 가지 주장은 모두 과학적 연구 결과와 자료를 근거로 제시하고 있지만 해석이 서로 다릅니다.

지구의 자연적 변화 때문에 기후변화가 발생해온 것은 사실입니다. 하지만 현재의 기후위기는 자연적 요인만으로 일어났다고 설명하기 어려운 수준이고, 인간 활동으로 가속화되었다고 일반적으로 인식되고 있습니다.

1988년 발족한 기후변화에 관한 정부 간 패널Intergovernmental Panel on Climate Change, IPCC 등 연구 기관들도 기후과학 모델링 연구 결과를 근거로 인간의 온실가스 배출이 온난화의 주요 원인이라고 제시하고 있습니다.

기후 기록, 해양학적 자료, 대기 측정 등 다양한 실험 측정 결과도 인간의 온실가스 배출과 지구온난화의 상관관계를 확인해주고 있습니다. 또한 기후 모델과 시뮬레이션을 통한 과학적 증거들은 온난화와 기후변화가 인간의 화석연료 사용 및 산업 활동과 강력한 상관관계가 있음을 보여줍니다.

비과학적 주장을 해결하려면

우리나라 국민 대부분은 기후변화 문제가 심각하다는 데 동의하고 있습니다. 여론조사 전문 기관 한국갤럽조사연구소의 2023년 조사 결과를 보면 한국인 중 89퍼센트가 기후변화가 매우 심각한 문제라는 데 동의했습니다. 그러나 미국에서는 동의 비율이 71퍼센트 정도입니다. 이 숫자도 우리나라와 꽤 차이가 있지만, 특히 도널드 트럼프 전 대통령과 공화당을 지지하는 사람들 중에서는

25퍼센트만 동의한다는 조사 결과는 더욱 의외입니다. 이렇게 된 이유는 '기후변화 부정론'을 주장하는 대표적 정치인 트럼프가 공화당 소속이기 때문이라고 할 수 있습니다.

기후변화는 심각하지 않은 일이고 인간의 책임도 아니라는 반론을 '기후변화 부정론'이라고 합니다. 일부가 이렇게 주장하는 이유는 무엇일까요?

첫째는 세계의 기후위기 대응 방식이 다양한 산업 부문의 이해관계에 큰 영향을 미치기 때문일 것입니다. 기후변화의 원인에 대한 규정은 기후위기에 대응하는 정부 정책의 시기와 방향을 결정하는 데 중요한 요소입니다.

예를 들어 산업 활동을 강하게 규제해서라도 문제를 해결해야 한다는 주장을 국민 대다수가 지지하면 정부가 환경보호에 관한 규제를 시행하기 쉽습니다. 또한 기후변화에 대응하는 새로운 기술 개발에 연구비를 더 지원하는 정책을 수립하고 집행할 수 있습니다. 화석연료에 기반한 산업계는 환경보호 규제가 강화되고 에너지 전환에 관한 요구가 대세가 되면 자신들의 이익이 줄기 때문에 반대하고, 정책 집행을 어떻게든 늦추려고 할 수 있습니다.

반면 기후변동이 자연적인 원인 때문이라는 주장이 받아들여진다면, 환경 규제보다는 좀 더 중요한 홍수와 태풍 등의 기상 현상을 견딜 수 있는 기반 시설을 구축해야 한다고 정부에 주장할 것입니다.

미국은 온실가스를 세계에서 가장 많이 배출하는 나라 중 하나입니다. 미국의 막대한 경제적 이익은 화석연료에 기반한 산업에서 창출됩니다.

기후변화 부정론은 과학 부정론science denier의 대표 사례라 할 수 있습니다. '지구는 평평하다'라는 주장 같은 여러 과학 부정론이 존재하지만 인류의 미래에 가장 치명적인 것은 바로 '기후변화 부정론'입니다.

기후변화 부정론처럼 과학적 기반을 무시하는 주장에 대응하기 위해서는 올바른 과학적 근거를 제공하고 소통해야 합니다. 과학자들은 인간의 활동과 기후위기가 밀접하게 연결되어 있다는 증거를 연구를 통해 수집하고, 국민들이 알기 쉽게 설명하며 논란을 해결해가고 있습니다. 그러나 기후변화에 대한 모든 내용이 명확하게 밝혀진 것은 아닙니다. 예를 들어 지구 기온이 얼마나 빨리 어느 정도까지 상승할지, 그리고 그 현상이 미래에 어떤 영향을 미칠지는 불확실합니다.

기후변화나 지구온난화 자체의 진실성에 대한 논란은 과학계에선 이미 끝났다고 할 수 있습니다. 인간의 산업 활동과 화석연료 사용으로 인한 온실가스 배출이 기후변화를 일으킨다는 주장에 전 세계 과학자의 97퍼센트가 동의하고 있으니까요.

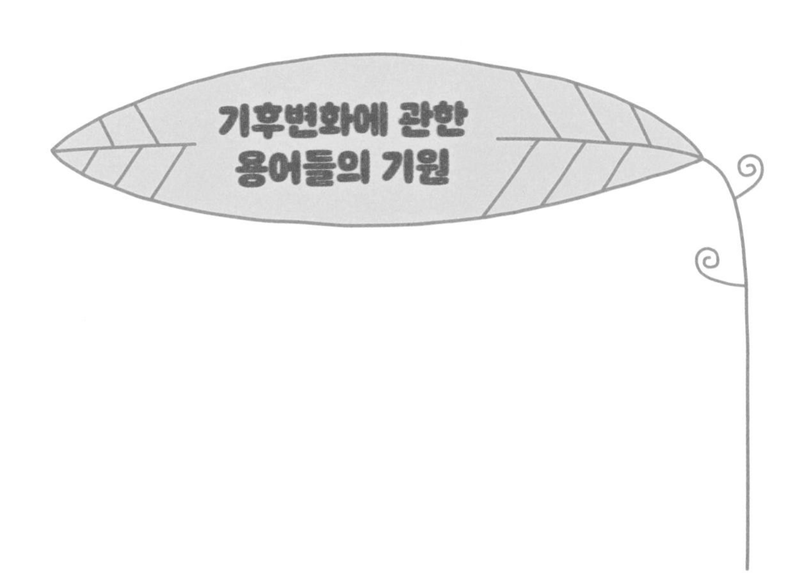

온실가스, 기후위기와 기후재앙

지구에 사는 인류가 직면한 기후변화climate change는 다른 동식물들에게도 심각한 영향을 미칩니다.

예전에는 기후변화라는 용어가 사용됐지만 이제는 '기후위기'라는 단어도 자주 쓰이고 있습니다. 기후위기뿐 아니라 '기후 비상사태', 심지어 '기후재앙' 등의 용어도 사용되고 있습니다.

우리가 그동안 많이 들어본 '온실가스greenhouse gas'라는 용어는 1896년 스웨덴 화학자 스반테 아레니우스Svante Arrhenius의 논문에 처음 등장했습니다. 온실효과를 최초로 연구한 아레니우스는 이산화탄소가 지구 기온을 높이는 온실가스 역할을 할 수 있다는 개념을 처음으로 제시했습니다. 이산화탄소 같은 온실가스가 담요처럼 지구를 덮어서 기온을 높인다는 개념이었습니다. 당시만 해도 아레니우스는 이산화탄소 농도 증가와 기온 상승이 식물의 성장을 촉진하기 때문에 온난화는 인류에게 축복이라고 예측했습니다. 19세기만 해도 과학계는 그렇게 인식했습니다.

1970년대부터 기후변화 문제가 깊이 연구되고 관심을 끌면서 '로마클럽Clubs of Rome'[*]이 보고서에 '지구온난화global warming'라는 용어를 처음 사용했습니다. 〈성장의 한계The Limits to Growth〉라는 이 보고서는 지구 기온이 상승하고 있다고 주장하고, 인류의 성장은 2020년에 정점을 찍을 것이라고 예측했습니다.

최근에는 기후변화의 심각성과 긴급성을 강조하기 위해 기후위기라는 용어를 많이 사용합니다. 기후 시스템이 급격하게 변화하면서 환경, 사회, 경제 등 모든 측면에 부정적 영향을 미치고 있는 '위기'라는 인식 때문입니다. 한편 마이크로소프트 설립자 빌 게이츠는 저서 《기후재앙을 피하는 법How to Avoid a Climate Disaster》에서 '기후재앙climate disaster'이라는 용어를 사용했습니다. 이처럼 온실가스와 지구온난화라는 개념에서 출발한 기후변화 상황은 기후위기 또는 기후재앙이라고 불릴 정도로 심각해졌습니다.

1970년 3월 유럽의 과학자, 경제학자, 교육자, 경영자들이 설립한 민간 단체다. 지구의 유한성에 대한 문제의식을 강조하고 천연자원 고갈, 환경오염, 폭발적인 인구 증가, 군사 기술의 위협 등에 관해 경고하며 인류의 위기를 피하는 길을 모색하고자 했다.

인류세는 인류의 유일한 업적?

지질시대는 대체로 '대-기-세-절'로 나뉩니다. 현재 우리는 '신생대 제4기 홀로세 메갈라야절'에 살고 있습니다. 홀로세Holocene는 약 1만 1,700년 전 빙하기가 끝나며 도래한 따뜻한 시기로, 인류 문명의 발전과 함께 시작되었습니다.

노벨 화학상을 수상한 네덜란드의 대기화학자 파울 크뤼천Paul Jozef Crutzen은 2000년대 초에 '인류세Anthropocene'라는 개념을 제시했습니다. 그에 따르면 인간의 활동은 지구의 물리적·화학적 시스템을 뚜렷이 변화시켜 새로운 지질시대를 창출하기에 이르렀습니다. 인류세가 시작된 시점에 대해서는 여러 학자가 신석기혁명, 유럽의 아메리카 대륙 침입, 산업혁명 등 다양한 시기를 주장해왔습니다. 지질학자들의 모임인 '인류세 실무 그룹Anthropocene Working Group, AWG'은 대량생산과 소비가 확산하고 대기 중 이산화탄소 농도 등 12개의 지구 시스템 지표가 크게 달라진 '대가속기The Great Acceleration'가 시작된 1950년대를 전환점으로 보고 있습니다.

1950년대 이후 확산한 대량생산과 대량 소비는 지구 시스템에 분명한 변화를 가져왔습니다. 이러한 변화는 기후위기, 생물 다양성 감소, 대기와 해양의 오염 등으로 다양하게 나타나고 있습니다. 최근 몇 년 사이 발생한 파키스탄의 대홍수와 유럽의 가뭄은 인류세의 영향을 생생하게 보여주는 사례입니다.

2022년 여름, 파키스탄은 기록적인 폭우로 국토의 3분의 1이

2022년 8월 16일 프랑스 서부 루아로상스 인근을 흐르는 루아르강의 지류가 오랜 가뭄 때문에 바닥을 드러냈다. © Reuters 이미지코리아

물에 잠기는 대홍수를 겪었습니다. 이 홍수로 1,000명 이상이 사망하고 수천만 명이 피해를 보았습니다. 남아시아 지역에는 매년 6월부터 9월까지 우기가 찾아옵니다. 우기는 자연스러운 현상이지만, 2022년의 강수량은 평년의 세 배에 달했습니다. 이러한 대규모 홍수는 기후변화에 따라 날씨의 패턴이 극단적으로 바뀐 결과로 볼 수 있습니다. 홍수로 인해 파키스탄 경제가 입은 손실액은 약 100억 달러(약 14조 원)에서 125억 달러(약 17조 원)에 달합니다.

2023년 여름에는 독일과 프랑스를 비롯한 서부 및 중부 유럽 지역이 심각한 가뭄과 폭염, 산불로 고통받았습니다. 지구온난화로 인한 기후변화가 직접적인 영향을 미친 결과라고 할 수 있습니다. 가뭄은 유럽 전역에서 식수 부족, 농작물 피해, 생태계 교란 등 다양한 문제를 일으켰습니다. 특히 스페인과 프랑스의 물 부족 사태가 무척 심각했습니다.

이러한 사례들은 인류세가 우리 현실에 미치고 있는 영향을 생생하게 보여줍니다.

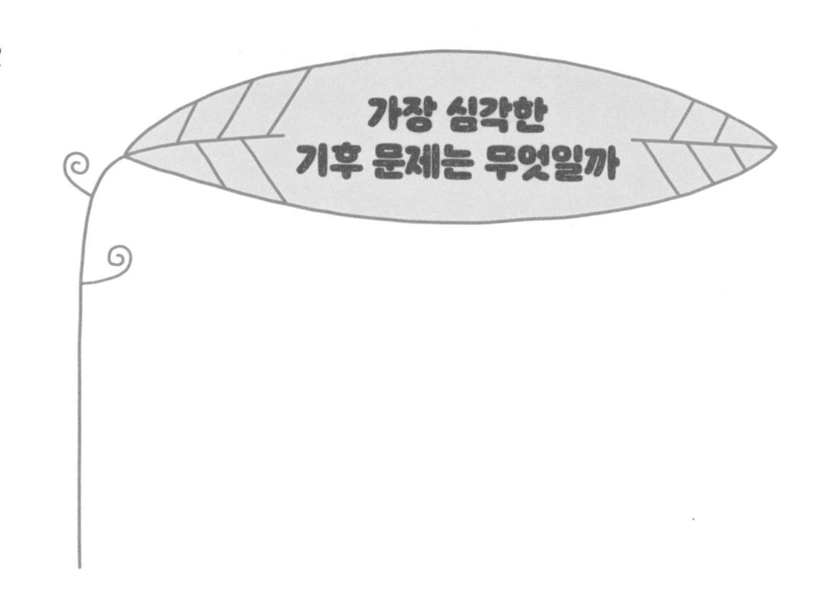

해수면 상승의 무서운 결과

'빙하의 눈물' 등의 제목이 붙은 기후변화 관련 다큐멘터리에는 북극곰이 단골로 등장합니다. 얼음이 녹아내린 북극에서 먹이를 찾아 헤매는 모습이 대부분이죠. 북극곰은 얼음에 의존하여 살아갑니다. 이들은 얼음 위에서 사냥하고, 짝을 이루고, 새끼를 길러 왔습니다. 그러나 해빙이 충분히 얼지 않으면 먹이를 찾기 위해 긴 여정을 떠나야 합니다. 자연히 북극곰은 많은 에너지를 소비하게 되고 새끼의 사망률도 높아집니다.

북극에서는 기후변화가 세계 평균보다 두 배 빠르게 진행됩니다. 북극곰은 기후변화 때문에 멸종 위기종으로 등록된 최초의 동물입니다. 이 점들을 고려하면 북극곰을 포함한 여러 생물종의 멸

투발루의 해변. 투발루는 2100년쯤 국토 전체가 수몰될 것으로 예상된다. © Wikimedia Commons

종 위험이 가장 심각한 문제로 보이기 쉽습니다.

하지만 이러한 상황에서 가장 중요한 쟁점은 무엇일까요?

세계적으로 기후변화가 영향을 미치는 주요 위협 중에서 가장 심각한 것은 해수면 상승이라고 할 수 있습니다. 지구 평균기온이 상승하면서 남극과 북극의 빙하와 만년설이 녹아 해수면이 높아지고 있기 때문입니다. 이에 따라 세계 각 지역의 해변과 해안 지역이 침식되고, 많은 해안 도시와 섬나라가 위험에 노출되고 있습니다.

해수면 상승으로 위험에 처한 나라 중에서도 특히 남태평양의 작은 섬나라 투발루는 평균 해발고도가 3미터여서 매우 위험한 상황입니다. 매년 해수면이 4밀리미터씩 상승하고 있는 투발루는 2100년에 국토 전체가 수몰될 것으로 예상됩니다. 이미 주거지가 침식되고 농사 짓기가 어려워져서 국민의 5분의 1이 이웃 나라로 이민을 떠나는 등 상황이 심각합니다.

이산화탄소 배출을 늘리는 가뭄과 기근

전문가들에 따르면 기후위기가 단기적으로 가져올 가장 심각한 문제는 극한 기상 현상, 특히 가뭄과 기근이 초래하는 물 부족과 식량 생산 부족입니다. 가뭄이 휩쓸면 농작물 수확량이 줄어들기 때문에 세계 식량 공급에 직접적인 영향을 미칩니다. 특히 기후변화에 취약한 물 부족 국가에서는 생활용수와 농업용수 공급마저 어려워질 수 있습니다.

또한 기후변화로 인해 태풍, 폭우, 가뭄, 폭염, 이상 고온 등 기상이변의 빈도와 강도가 증가하고 있다는 사실도 우려스럽습니다. 기상이변은 농작물에 큰 피해를 주는 것은 물론이고 사람들의 안전까지 위협합니다. 예컨대 최근 자주 나타나는 폭염은 그저 무더운 정도가 아니라 자연재해 수준의 심각한 피해를 줍니다.

기상이변 때문에 식량 생산이 위기에 빠지면 인류의 생존과 사회 안정, 경제 발전은 직접적인 악영향을 받습니다. 특히 아시아, 아프리카의 저개발 농업 국가들을 비롯한 대부분의 나라에서 빈곤과 사회 불안, 식량 안보 문제가 깊어질 것입니다.

아프리카와 중동 등 평균기온이 상승하고 있는 지역에서는 가뭄과 홍수가 빈번하게 발생하고 있습니다. 천수답 농업이 주를 이루는 이곳 개발도상국들은 기상이변에 취약합니다. 또한 옥수수, 쌀, 수수, 조 등의 농작물을 비축할 능력이 부족한 상황에서 가뭄이 발생하는 것도 큰 문제입니다. 이미 2007~2011년에 아프리카와 중동에서 식량 가격이 폭등하여 정세가 불안정해졌고, 2022년 일어난 러시아-우크라이나 전쟁이 길어지면서 식품 가격이 상승하는 현상도 정세를 불안하게 만들고 있습니다.

가뭄이 들면 이산화탄소 배출량이 더욱 증가합니다. 식량 생산 분야는 이미 매년 약 100억 톤의 이산화탄소를 배출하고 있습니다. 빌 게이츠의 저서 《기후재앙을 피하는 법》에 따르면 2020년 기준 전 세계 온실가스 배출량은 연간 약 510억 톤에 이르렀는데, 그중 식량 재배와 생산 분야가 차지한 비중은 약 19퍼센트입니다.

가뭄으로 식량 생산이 줄어들면 이를 보완하기 위해 더 많은 에너지와 자원을 투입해야 합니다. 농작물 생산을 늘리기 위해 더 많은 비료와 살충제를 살포하고, 농산물 가공에도 더 많은 에너지와 자원이 소요되기 때문입니다. 그럼 온실가스 배출도 자연히 증가합니다. 이처럼 기후위기는 다양한 문제와 복잡하게 연결되어 있습니다.

식량 생산 위기가 가장 무섭다

가뭄이나 홍수 등 기상이변으로 각국의 사회 인프라가 손상되면 복구 비용이 늘고 경작이 어려워지며 사회 불안과 불평등이 커져서 사회 안정성에 문제가 생깁니다. 이 가운데 식량 생산의 위기가 인류에게 가장 위험한 이유는 다음과 같습니다.

첫째는 인류의 삶과 복지에 미치는 영향 때문입니다. 식량 생산 감소는 인간의 기본적인 생존에 직접적으로 영향을 미칩니다. 식량이 부족하면 영양 불균형과 기아가 발생하여 건강 문제를 일으키고 생활의 질을 떨어뜨립니다.

둘째는 영향을 미치는 범위가 폭넓기 때문입니다. 식량 생산에 대한 위협은 전 세계적인 문제입니다. 특히 농업에 의존하는 개발도상국이 가장 큰 영향을 받습니다.

셋째는 오랫동안 영향을 미치기 때문입니다. 기후변화와 가뭄 같은 자연현상은 장기간에 걸쳐 식량 생산에 영향을 미치며, 단기적인 해결책으로는 극복하기 어렵습니다.

넷째는 상호작용과 시너지 효과를 일으키기 때문입니다. 식량 부족은 인구 이동, 사회 불안, 국가 간의 경쟁 등 다른 사회적 문제와 연결됩니다.

다섯째는 소외된 지역사회나 저소득층에 잠재적 영향을 미치기 때문입니다. 이들은 식량 위기에 가장 취약하며, 그 영향을 가장 직접적으로 받습니다. 따라서 적응 능력이 제한되기 때문에 위기

상황을 극복하기도 더 어렵습니다.

여섯째는 사회적 적응과 완화가 필요하기 때문입니다. 식량 생산의 위기는 기술 혁신, 정책적 대응, 행동 변화 등의 노력을 통해 완화할 수 있습니다. 예를 들면 지속 가능한 농업 방법, 식량 손실 줄이기, 효율적인 자원 관리 등입니다.

일곱째는 윤리적 고려입니다. 식량 생산이 위협에 처하면 각 세대와 취약 계층에 대한 책임, 전 세계적 형평성 등의 윤리적 측면을 고려해야 합니다.

이러한 이유로 식량 생산에 대한 위협을 인류가 직면한 가장 큰 위기로 볼 수 있습니다. 이 문제를 해결하기 위해서는 전 세계적 협력과 지속적인 노력이 필요하고, 그 과정에서 인류의 삶과 복지를 최우선 목표로 삼아야 합니다.

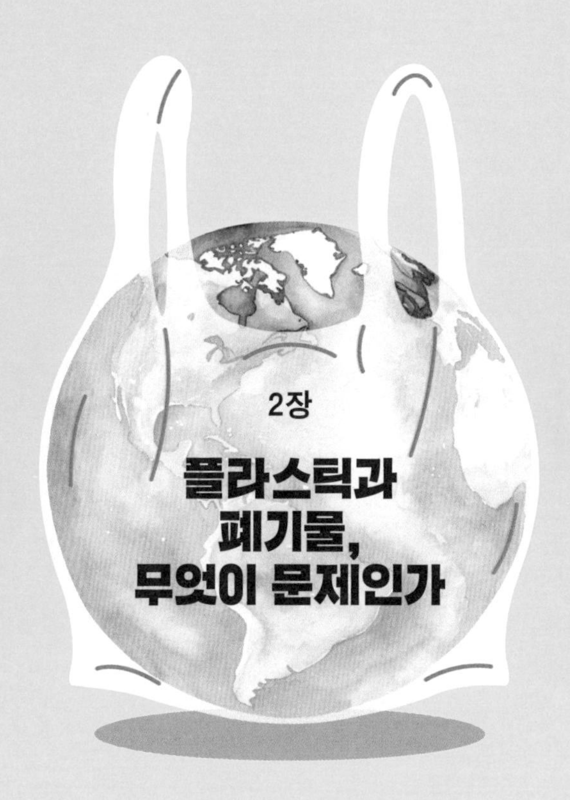

2장

플라스틱과 폐기물, 무엇이 문제인가

플라스틱 시대-편리함 속 숨은 위험

당구공에서 스마트폰까지

우리가 살고 있는 현대사회의 중심에는 플라스틱이 있습니다. 그래서 현대는 청동기시대나 철기시대를 이은 '플라스틱 시대'로 불리기도 합니다. 하지만 플라스틱은 양면성이 무척 큰 변화를 가져왔습니다.

그리스어에서 유래한 단어 '플라스틱plastic'에는 '성형할 수 있는'이란 뜻이 있습니다. 플라스틱의 시작은 1869년으로 거슬러 올라갑니다. 미국 뉴욕의 인쇄공이었던 존 웨슬리 하이엇이 면화와 질산, 유기용제를 혼합하여 '셀룰로이드'를 개발하며 플라스틱의 역사가 시작되었습니다.

셀룰로이드는 당구공의 주재료였던 상아를 대체하기 위해 탄생

코끼리 상아로 만든 당구공을 광고하는 19세기 사진. 출처: National Museum of American History

했습니다. 당시에는 코끼리 상아를 이용한 당구공이 많이 제조되면서 코끼리가 멸종할 수 있다는 위기감이 고조되었습니다. 그러자 뉴욕의 제조 업체들은 상아를 대체하는 물질을 개발하는 사람에게 1만 달러를 주겠다는 신문 광고를 냈습니다. 당시 1만 달러는 현재 가치로 약 10억 원에 해당하는 거액이었습니다. 하이엇이 셀룰로이드를 발명해 상금을 받음으로써 플라스틱 시대가 시작되었습니다.

1884년에는 프랑스 화학자 일레르 드 샤르도네Hilaire de Chardonnet가 최초의 인조 견사인 레이온을 개발하며 천연 원료를 넘어선 새로운 가능성을 제시했습니다.

'플라스틱'이란 용어는 1909년 미국 화학자 리오 베이클랜드Leo Baekeland가 처음 사용했습니다. 베이클랜드는 '베이클라이트bakelite'

라는 열가소성 플라스틱을 개발해 상업화하는 데 성공했습니다. 이후 플라스틱의 영역은 기계와 전자 부품으로 확장되었습니다.

인류의 생활은 플라스틱의 편리함 덕분에 극적으로 변화했고, 이제는 플라스틱 없는 생활을 상상하기 어렵습니다. 하지만 편리함 뒤에는 심각한 위협이 숨어 있습니다. 강과 바다를 뒤덮은 플라스틱 쓰레기 섬, 생태계를 파괴하는 미세플라스틱, 그리고 코로나19 팬데믹으로 가속화한 일회용 플라스틱 사용량 증가가 문제를 더욱 심각하게 만들고 있습니다. 자연은 물론 인간의 건강에도 악영향을 끼치는 플라스틱 폐기물은 이제 적극 대응해야 할 환경문제 중 하나입니다.

플라스틱은 세계적으로 매년 4억 톤 넘게 생산되고 있습니다. 천연가스와 석유를 원료로 하고 화학 중합반응• 을 통해 제조되는 플라스틱은 용도에 따라 형태가 다양합니다. 단단한 것부터 부드럽고 유연한 것까지, 투명한 것부터 불투명한 것까지 인류는 플라스틱의 무궁무진한 가능성을 찾아내왔습니다.

현재 세계에서 가장 널리 사용되는 플라스틱은 폴리염화비닐PVC, 폴리에틸렌PE, 폴리프로필렌PP 등입니다. 이들은 각각 1912년, 1930년대, 그리고 1954년에 발명되어 음료수 병부터 포장재, 유아용 카 시트에 이르기까지 다양한 용도로 활용됩니다. 우리가 흔

• 화합물 단량체monomer가 두 개 이상 결합하여 분자량이 큰 고분자 화합물을 생성하는 화학반응

과테말라의 라스바카스강을 가득 메운 쓰레기 섬 © The Ocean Cleanup

히 사용하는 비닐봉지는 폴리염화'비닐'이 아닌 폴리에틸렌으로 만들어집니다.

플라스틱이 모두 일회용은 아니다!

플라스틱 하면 많은 사람이 일회용품, 환경오염의 주범 같은 부정적 이미지를 떠올립니다. 하지만 플라스틱이 막 탄생했을 때의 가치와 현재 우리 삶에서 차지하는 진정한 역할을 보면 이러한 통념은 바뀔 수 있습니다.

초기 플라스틱은 상아와 비단 같은 고급 재료의 대체품으로 탄생했습니다. 당시 플라스틱은 세련되고 청결하며 현대적이라는 이미지로 널리 받아들여졌죠. 기존의 비싼 소재들을 대체하며 점차 생활의 거의 모든 분야로 사용 범위가 확장되었습니다. 예를 들어 1880년에 등장한 빨대는 원래 종이로 만들어졌지만, 물에 녹는 단점이 없는 플라스틱 빨대가 표준으로 자리 잡았습니다.

플라스틱의 가장 큰 장점은 높은 내구성입니다. 견고하면서도 가벼우며, 지속되는 진동을 잘 견디므로 자동차, 비행기, 기차, 배에 필수적으로 사용됩니다. 자동차 내장재, 비행기의 칸막이 벽, 우주선의 음료수용 카트에 이르기까지 다양한 가치를 발휘합니다. 실제로 1970년대에 4퍼센트였던 항공기 부품의 플라스틱 비율이 2020년에는 50퍼센트를 넘어섰고, 건설과 산업 분야의 사용량도 급증했습니다. 하지만 플라스틱의 높은 내구성은 동시에 환경문제의 원인이 됩니다. 자연에서 분해되는 데 긴 시간이 필요하기 때문입니다.

현재 플라스틱은 포장재에 가장 많이 사용됩니다. 연간 1억 5,000만 톤이 포장재로 쓰이는데, 건설, 교통, 전자 제품 등에 쓰이는 양 전체보다도 많습니다. 또한 최근 세계적으로 패스트패션 붐이 일면서 수명이 짧은 합성섬유를 대량으로 사용하는 경향이 강해졌습니다. 이렇게 생산된 옷들 중 1년 이내에 폐기되는 양이 전체의 절반에 달하면서 큰 문제를 일으키고 있습니다.

플라스틱이 없으면 안 되는 분야도 있다!

하지만 어떤 분야에는 플라스틱이 반드시 필요합니다. 플라스틱이 필수 소재로 자리매김한 분야는 무엇일까요.

첫째는 의료 분야입니다. 플라스틱으로 만든 주사기부터 카테터, 스텐트, 수술용 장갑, 마스크 등 다양한 의료용 일회용품은 환자와 의료진의 안전을 지키는 데 중요합니다. 비용 효율성도 높은 이 제품들은 사용 후 안전하게 폐기되어 위생적으로 관리됩니다.

둘째는 식품 포장입니다. 식품을 외부 환경으로부터 보호하고 신선도와 유통기한을 연장하는 데 중요하기 때문입니다. 플라스틱은 형태와 크기가 다양해서 각종 식품 포장에 적합하며 비용 효율, 생산성 면에서도 매우 유리합니다.

셋째는 건설 및 건축, 자동차 산업입니다. 플라스틱은 내구성이 뛰어나고 부식에 강하기 때문에 건설과 건축 분야의 배관이나 절연재 등의 소재로 이상적입니다. 또한 자동차 산업에서는 차량의 경량화와 내구성을 높이는 필수 소재입니다. 자동차용 플라스틱은 사용 수명이 길기 때문에 폐기물 발생 문제도 상대적으로 적습니다.

이처럼 플라스틱은 의료, 식품 포장, 건설, 자동차 산업 등 다양한 분야에 반드시 필요한 소재입니다.

플라스틱 없는 세상을 향한 출발

그럼 우리가 일상에서 플라스틱을 대체하기 위해서는 어떻게 해야 할까요.

첫째는 플라스틱 일회용품 대신 텀블러, 에코백, 스테인리스스틸 빨대 등을 이용하는 것입니다. 친환경 대안을 활용하면 쓰레기 발생을 줄이고 자원을 아낄 수 있습니다. 환경을 해치지 않고 자연으로 돌아가는 생분해성 소재를 사용하면 지구를 배려할 수 있습니다.

둘째는 패션과 소비재 산업을 친환경적으로 전환하는 것입니다. 플라스틱 대신 자연에서 온 친환경 옷감 소재를 사용한 제품들이 점점 더 사랑받고 있습니다. 이들은 환경뿐 아니라 우리의 건강에도 이롭습니다. 자연 소재를 사용하면 세탁 과정에서 발생하는 미세플라스틱을 줄일 수도 있습니다. 바다 생물과 인간의 건강을 지키는 길입니다.

셋째는 일상에서 실천하는 것입니다. 음식점 등에서 일회용 플라스틱의 대안으로 환경친화적 용기와 빨대를 사용하는 작은 실천이 큰 변화를 가져옵니다. 가정뿐 아니라 각종 행사에서 플라스틱 대신 유리, 스테인리스스틸, 나무 등의 친환경 소재를 사용하면 환경에 큰 이익을 줍니다.

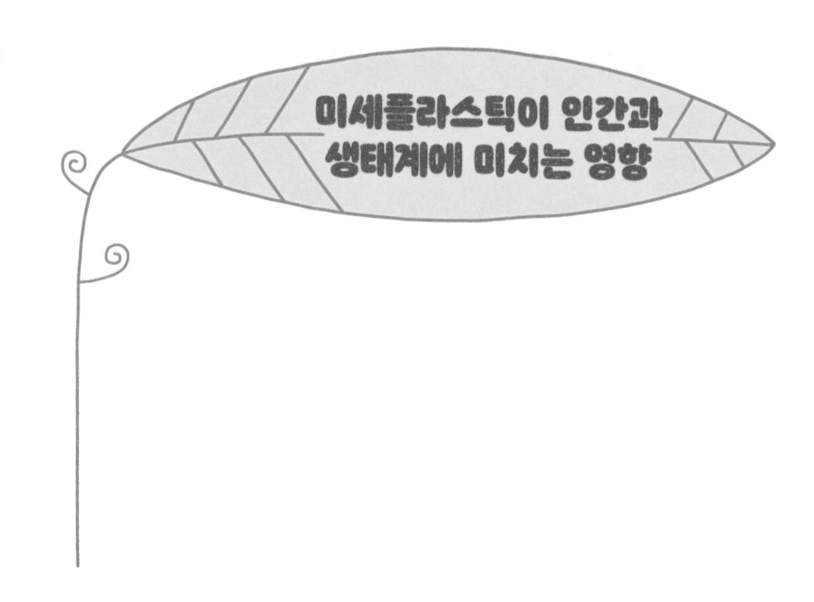

미세플라스틱이란 무엇인가

미세플라스틱은 플라스틱 제품이 분해되면서 생기는 미세한 조각을 뜻합니다. 화장품 스크럽이나 치약 속 연마제, 의약품, 그 밖의 다양한 제품에 포함된 마이크로 비드도 미세플라스틱 중 하나로 지목됩니다. 이 작은 입자들은 눈에 거의 보이지 않지만, 환경을 오염시키고 생물체 내에 축적되어 건강까지 위협한다고 합니다.

미세플라스틱은 패스트패션 산업과 밀접합니다. 마이크로 비드나 플라스틱 장난감이 아니라 주로 폴리에스테르 섬유의 파편으로 확인된 미세플라스틱은 패스트패션의 결과물입니다. 이른바 SPA 브랜드들이 주도하는 패스트패션은 최신 유행을 반영한 옷들을 신속하게 소비자에게 제공하지만, 이 과정에서 사용된 많은 합성섬유가 세탁 과정에서 미세플라스틱으로 바뀝니다.

최근 언론 보도에 따르면 남극에 내린 눈에서도 미세플라스틱이 발견됐습니다. 2022년 2월 뉴질랜드 캔터베리대학교 연구팀에 따르면 남극대륙 로스 빙붕의 19곳에서 채취한 모든 샘플에서 미세플라스틱이 검출되었습니다. 전 세계 바다에 떠다니는 미세플라스틱 입자는 171조 개에 달하며, 총무게는 무려 230만 톤으로 추정됩니다. 또한 해저에 쌓인 미세플라스틱이 지난 20년간 세 배 증가했다는 연구 결과도 발표되었습니다.

미세플라스틱은 크기가 매우 작지만 조류, 어류, 포유류, 식물 등 다양한 생물이 섭취하면 큰 독성을 일으킬 수 있습니다.

미세플라스틱에 관한 의견은 다양합니다. 한편에서는 지구 생태계와 인간의 건강을 심각하게 위협하므로 하루빨리 엄격하게 규제해야 한다고 주장합니다. 하지만 일부는 현재의 반응은 다소 과장된 면이 있고, 몇몇 연구의 측정 방법과 농도, 추정 피해 등이 의문스럽다고 주장합니다. 미세플라스틱에만 관심을 두기보다는 다른 환경문제들과 비교해 우선적으로 관심을 기울이고 대응할 대상을 정해야 한다는 의견도 있습니다.

미세플라스틱이 건강과 환경을 위협한다는 주장

'무시무시한 미세플라스틱이 우리의 건강과 환경을 위협한다'

라는 주장의 요지는 다음과 같습니다.

미세플라스틱은 해양 생태계부터 인간의 몸속에 이르기까지 예상치 못한 곳에서도 존재를 드러냅니다. 외딴 해안가는 물론 심해 퇴적물에서도 발견되니까요.

육지에서 해양으로 흘러 나가는 플라스틱 쓰레기의 양은 앞으로 10년 안에 두 배로 늘어날 것으로 예측됩니다. 플라스틱 제품들은 시간이 흐를수록 잘게 부서져 작은 조각으로 변할 것입니다. 하지만 미세플라스틱은 여기서 멈추지 않고 먹이사슬을 따라 우리의 식탁에도 올라옵니다.

5밀리미터 이하의 작은 플라스틱 입자인 미세플라스틱은 크게 두 가지로 나뉩니다. 첫째는 생산 과정에서부터 작게 만들어진 1차 미세플라스틱으로, 치약이나 화장품 등 일상용품에 포함됩니다. 둘째는 사용된 플라스틱 제품이 시간이 지나면서 부서져 생기는 2차 미세플라스틱입니다. 두 가지 모두 우리의 건강과 환경을 위협합니다.

미세플라스틱의 위험은 과장되었다는 주장

하지만 미세플라스틱(특히 마이크로 비드)의 위험은 과장되었다는 반론도 있습니다. 해양과 담수 생태계에서 발견되는 미세플라스틱의 농도는 생각보다 훨씬 낮습니다. 그러니 인체나 생태계에 미치는 실질적인 영향도 미미하다는 주장입니다. 어떤 연구에 따르면 미세플라스틱 농도가 가장 높은 경우에도 물 1톤당 1~10개 정도라고 합니다. 일부 연구자는 환경의 미세플라스틱 농도가 낮기 때문에 유해성도 낮다고 결론짓고, 인간이 섭취해도 대부분은 배출된다는 연구 결과를 발표했습니다.

하지만 언론은 이러한 내용을 간과하고 미세플라스틱의 위험성만을 지나치게 강조하며 보도하는 경향이 있습니다.

진실은 무엇일까?

미세플라스틱의 위협에 대한 논의는 지금도 다양하게 이어지고 있습니다. 일각에서는 미세플라스틱이 인체에서 화학적 반응을 일으키지 않기 때문에 크게 위험하지 않다고 주장하지만, 이 작은 입자들이 물리적 영향은 미칠 수 있지 않을까요?

2019년 세계보건기구WHO는 인간이 플라스틱을 섭취해도 대부분은 화학적 반응이 일어나지 않고 소화기관을 통과한다고 발표했습니다. 하지만 이러한 주장이 미세플라스틱의 위험성을 완전히 부정할 근거가 될 수 있을까요? 미세플라스틱 문제는 환경에 큰 영향을 미칩니다. 대기, 수질, 식물, 동물에 이르는 생태계 전반에 영향을 미치면 결국 인간도 영향을 받습니다.

따라서 단순히 미세플라스틱이 인체에 유해한지 무해한지에 초점을 맞추기보다 환경에 대한 영향과 생태계 변화에 관해 논의할 필요가 있습니다. 현재로서는 미세플라스틱이 인체에 미치는 위험성을 정확하게 평가하기 어렵지만, 환경과 관련해서 보면 분명 중요한 문제이기 때문입니다.

환경보호의 대표 주자

환경에 관한 각종 문제와 주장이 넘쳐나는 요즘 많은 사람이 텀블러와 에코백을 일상에서 활용하는 작은 실천으로 큰 변화를 만들고자 합니다.

텀블러와 에코백은 환경보호의 대표 주자로 꼽힙니다. 우리말로 '통컵'이라고 부르는 텀블러는 일회용 컵 대신 반복하여 사용할 수 있다는 점에서 의미가 큽니다. 천연섬유로 만든 에코백 역시 반복해서 사용할 수 있고 생분해성이 있어서 환경친화적인 대안으로 여겨집니다.

그런데 환경친화적 제품들이 실제로 환경에 미치는 긍정적 효과는 어느 정도일까요? 저의 연구실에도 텀블러가 여러 개 있지만

텀블러는 여러 번 재사용할 수 있어서 일회용 컵의 대안으로 인식되고 있다. © Wikimedia Commons

실제로 자주 사용하는 것은 적습니다. 이러한 현상은 텀블러와 에코백의 환경보호 효과에 대한 실질적인 고민으로 이어집니다. 과연 실제로 이들이 지속 가능한 미래에 기여하는지, 아니면 단순히 환경보호의 상징에 머무르는지 진지하게 논의할 필요가 있습니다.

텀블러와 에코백은 정말 환경을 보호할까

텀블러와 에코백 등의 친환경제품이 환경보호를 위한 적은 노력으로 큰 변화를 이끄는 좋은 수단이라는 주장이 많습니다. 일회용 플라스틱 컵과 비닐봉지 사용량을 줄여 친환경제품의 생산과 유통을 촉진하며, 기업들이 환경보호에 적극 나서게 만드는 원동력이 되기도 하니까요.

카페에 갈 때마다 텀블러를 챙기고, 출근길에 에코백을 들고 나서면 '오늘도 지구를 위해 작은 실천을 했다'라는 만족감과 함께, 친환경적인 삶을 영위한다는 자부심을 느낄 수 있습니다. 지구를 위해 할 수 있는 가장 강력한 행동은 바로 이처럼 스스로를 환경보호의 주체로 여기는 것입니다.

그런데 우리나라의 연간 플라스틱 폐기물 발생량이 무려 1,000만 톤에 달한다는 사실, 알고 계시나요? 이에 비해 커피 전문점에서 발생하는 일회용품의 양은 연간 수백 톤에 불과합니다. 사실을 들여다보면 텀블러와 에코백 사용으로 줄일 수 있는 폐기물이 그리 많지 않음을 알 수 있습니다.

더욱이 텀블러와 에코백을 만드는 데 필요한 에너지는 일회용품을 제조하는 에너지보다 훨씬 많습니다. 그래서 친환경제품이 결과적으로 이산화탄소를 더 많이 배출한다는 주장도 제기되고 있습니다.

환경을 보호하려는 노력이 오히려 반대 결과를 낳는 이러한 현상을 '리바운드 효과'라고 합니다. 리바운드 효과는 생각보다 흔합니다. 따라서 우리의 노력이 진정으로 환경에 긍정적인 영향을 미치기 위해서는 어떤 접근 방식이 필요할지 고민해볼 필요가 있습니다.

많이 사용해야 효과가 있다

일상에서 텀블러를 사용하다 보면 작은 불편을 겪곤 합니다. 음료를 마시고 나면 위생을 위해 꼼꼼히 세척하고 말려야 하지만 적당한 장소를 찾기도 어렵습니다. 어느 날 저는 손님이 많은 카페에서 각각의 텀블러에 음료를 담아주기가 힘들다는 대답을 듣기도 했습니다. 분명한 사실은 고객도, 서비스 제공자도 불편을 느낀다는 것입니다. 그 불편이 과연 환경을 위해 의미 있는 선택일까요?

텀블러처럼 재사용할 수 있는 제품을 사용하면 일회용품을 줄이고 환경에 미치는 부정적 영향을 상쇄할 수 있다는 것은 분명합니다. 하지만 실제로 텀블러가 환경보호 차원에서 의미 있게 되려면 최소한 200회 이상 사용해야 합니다. 즉 거의 매일 사용해도 1년 가까이 되어야 효과가 본격적으로 나타납니다.

제 주위를 둘러보니 다양한 기회를 통해 생긴 텀블러가 모두 여섯 개나 있습니다. 환경보호 관점에서 '효과를 얻으려면' 각각 200회씩 총 1,200회를 사용해야 합니다. 이렇게 많이 사용해야 제조 과정에서 소모된 에너지와 발생한 이산화탄소를 상쇄한다고 생각하면, 오히려 텀블러를 바라보는 마음이 무거워집니다.

이처럼 환경을 위한 선택이 그저 불편을 감수하는 정도를 넘어 실제로 지속 가능한 효과를 가져올 수 있느냐는 질문은 함께 고민할 주제입니다.

기업의 나눔 활동은 의미가 있을까

친환경 경영을 표방하는 스타벅스와 같은 대형 기업들은 플라스틱 사용량을 줄인다며 텀블러 사용을 적극 장려합니다. 또한 다양한 환경 캠페인을 통해 사회적 책임과 지속 가능한 경영에 대한 긍정적 이미지를 쌓고 있습니다.

이런 노력은 분명 환경보호 의식을 제고하는 데 기여하지만, 실제로 환경에 긍정적인 영향을 미치는지는 분명하지 않습니다. 기업들이 진정으로 환경보호에 앞장선다면, 소비자가 기존에 구매한 텀블러를 더 오래 더 자주 사용하도록 독려하는 것이 바람직합니다. 그러나 현실에서는 새로 디자인한 텀블러를 자주 출시하며 더 많이 구매하도록 부추깁니다.

또한 일부 기업들은 친환경적 이미지를 내세우지만 실제로는 환경에 별 도움이 되지 않는 활동을 이어가기도 합니다. 이처럼 환경을 생각하는 척하면서 사실은 반대되는 행동을 하는 것을 '그린워싱greenwashing'이라고 합니다. 따라서 '친환경', '지속 가능' 같은 용어를 사용하는 기업들이 실제로 얼마나 행동으로 옮기는지를 소비자들이 세심하게 주목할 필요가 있습니다.

그럼에도 에코백과 텀블러를 쓰는 이유

결론적으로 말하면 텀블러와 에코백 사용만으로 쓰레기 문제가 해결되지는 않습니다. 실제로 환경을 변화시키기 위해서는 플라스틱 소비가 전반적으로 더 크게 줄어야 하고, 이를 위해서는 기업과 정부, 플라스틱 소비 시장 차원의 대대적인 변화가 필요합니다. 여기에는 많은 비용과 일상의 불편함이 동반됩니다. 그리고 이러한 변화를 위해 정책을 바꾸려면 정치와 경제를 이끄는 리더들의 인식 전환과 국민의 적극적 지지가 반드시 필요합니다.

그렇지만 텀블러 사용 같은 친환경 캠페인은 매우 큰 의미가 있습니다. 많은 사람에게 환경보호의 중요성을 늘 인식시키고, 플라스틱 쓰레기 분리수거와 같은 실천에 대한 공감대를 형성하기 때문입니다.

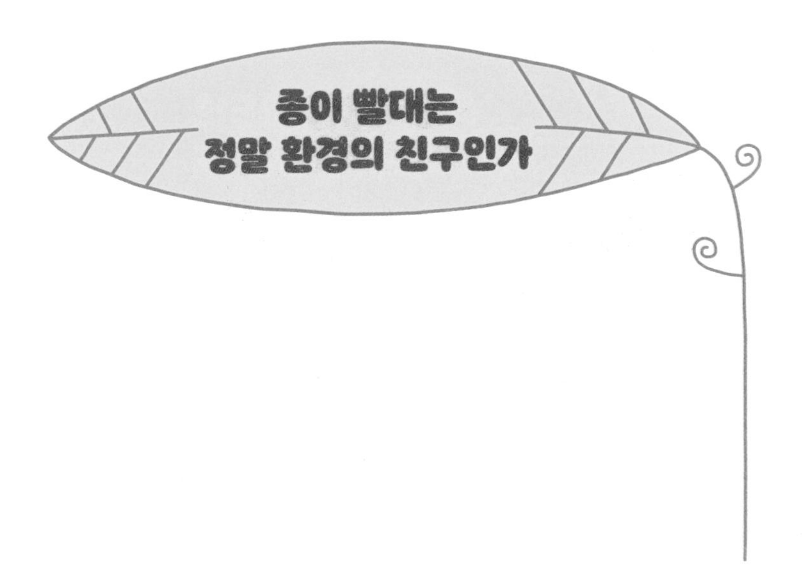

종이 빨대는 정말 환경의 친구인가

종이 빨대가 친환경적이라는 주장

2015년 바다거북의 코에 플라스틱 빨대가 꽂혀 있는 충격적인 영상이 전 세계에 공개되어 논란이 된 적이 있습니다. 이 때문에 플라스틱 빨대는 바다와 야생동물에 대한 위협의 상징처럼 여겨지기 시작했습니다. 전 세계적으로 매일 83억 개, 우리나라에서만 연간 140억 개, 1인당 273개의 플라스틱 빨대가 사용된다는 환경부의 2019년 보고서는 문제의 심각성을 더욱 부각합니다.

최근에는 종이 빨대가 플라스틱 빨대의 친환경적 대안으로 다시금 주목받고 있습니다. 종이 빨대는 1880년 호밀 줄기를 대체하기 위한 방안으로 특허를 받아 세상에 등장했습니다. 그러나 1970년대에 플라스틱 빨대가 등장하면서 점차 잊히는 아이러니

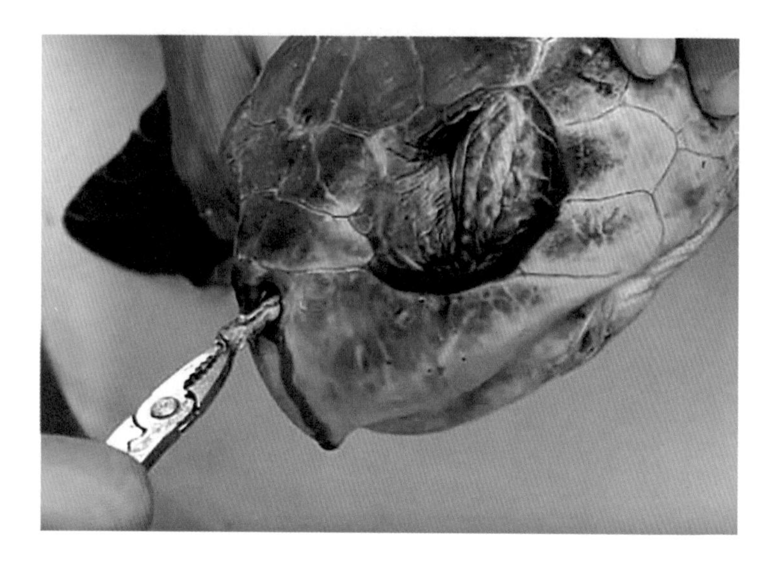

플라스틱 빨대가 코에 꽂혀 있는 바다거북 © Christine Figgener

를 겪었습니다.

종이 빨대가 친환경적이라고 주장하는 이들은 플라스틱 빨대는 매립지나 바다에서 수백 년 동안 분해되지 않는 반면 종이 빨대는 생분해성 재료로 만들어져 자연 속에서 미생물에 의해 분해된다는 사실을 근거로 제시합니다. 더불어 종이 빨대는 재생 가능한 자원으로 제작되므로 해양 생태계에 더 안전하다고 주장합니다.

반면 플라스틱 빨대는 재생 불가능한 자원인 석유로 만들어지고, 해양 동물이 삼킬 위험이 있으며, 미세플라스틱이 되어 해양 생태계에 해를 끼친다고 지적합니다.

우리나라 정부는 2022년 11월부터 플라스틱 빨대를 포함한 일회용품 사용을 제한하며 유리·종이·대나무·스테인리스스틸 빨대를 사용하도록 장려했습니다. 그러나 이러한 규제가 일부 소규모 상점의 경제적 부담을 초래한다는 우려가 제기되어 1년간 계도 기간을 두었습니다. 이후 계도 기간 종료를 보름 앞두고 종이 빨대 의무화를 사실상 철회했습니다.

종이 빨대도 친환경은 아니라는 주장

한편으로는 반론도 제기되고 있습니다. 최근 일부 언론 보도에 따르면 종이 빨대를 제작하는 과정에서 플라스틱 빨대보다 더 많은 에너지와 자원이 소모된다고 합니다.

폴리프로필렌으로 만드는 플라스틱 빨대는 1톤을 생산할 때 약 1.7톤의 이산화탄소를 배출하는 데 비해 종이 빨대는 5.5배 많은 9.3톤의 이산화탄소를 배출한다고 합니다. 이 수치는 2020년 미국 환경보건국EPA에서 발표한 '폐기물 저감 모델'에 따른 결과입니다.

게다가 종이 빨대는 음료에 오염되면 눅눅해지기 때문에 재활용하기 어렵습니다. 이를 막으려고 폴리에틸렌 코팅을 추가하면 일반 쓰레기로 분류되므로 재활용이 불가능해집니다.

사실상 큰 차이가 없다는 주장

한편 종이 빨대와 플라스틱 빨대를 비교한 일부 과학자들에 따르면 두 제품이 환경에 미치는 영향은 크게 다르지 않다고 합니다.

종이 빨대에 생분해성이 있다고 하지만 현실에서는 그리 빠르게 분해되지 않습니다. 조건이 적절하지 않으면 매립지나 바다에서 분해되는 데 수년이 걸립니다. 게다가 플라스틱 빨대보다 가격이 높은 종이 빨대는 생산할 때 더 많은 에너지와 자원이 필요하며, 이는 이산화탄소 배출량 증가로 이어집니다. 종이 빨대의 재료인 펄프를 생산하기 위해 삼림을 벌채하면 기후변화에 악영향을 미칩니다. 이러한 사실들은 우리가 환경을 생각하는 방식을 다시 고민하게 만듭니다.

플라스틱 빨대에서 종이 빨대로 전환하는 것보다 더 근본적인 해결책은 빨대 사용 자체를 줄이는 것입니다. 빨대가 필요 없는 컵을 사용하거나 빨대를 전혀 사용하지 않는 것이 진정한 환경보호에 더 도움이 될 수 있습니다. 이러한 실천이 더 간단하면서도 효과적으로 환경을 보호하는 방법 아닐까요?

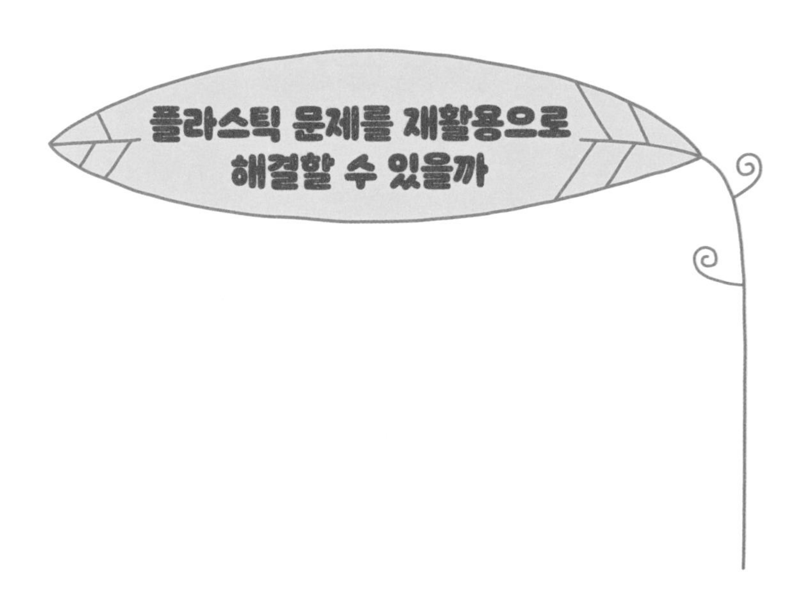

플라스틱 재활용이 폐기물을 줄인다?

우리 생활 곳곳에 퍼져 있는 플라스틱 폐기물. 현대인은 포장재에서 일상용품에 이르는 수많은 플라스틱이 없으면 살아가기 힘듭니다. 이처럼 플라스틱은 필수 불가결하지만 그로 인한 폐기물 문제는 더 심각해지고 있습니다. 이 문제를 해결하는 방안 중 가장 많이 언급되는 것은 바로 플라스틱 재활용입니다.

플라스틱 폐기물을 적절히 처리하면 환경오염과 자원 낭비를 막을 수 있습니다. 플라스틱 문제를 해결하기 위해 우선적으로 고려할 필요가 있는 방안은 분리수거와 재활용 강화입니다.

재활용의 이점은 다양합니다. 우선 플라스틱 폐기물의 양을 줄일 수 있습니다. 또한 새로운 플라스틱 제품에 대한 수요를 줄이며 자원을 보존하는 데 기여합니다. 플라스틱 생산 과정에서 소모되는 에너지를 줄이고 온실가스 배출을 억제하는 효과도 있습니다. 재활용 산업에 관한 일자리는 지역 경제에도 긍정적 영향을 미칩니다. 재활용은 플라스틱 폐기물 처리 비용을 절감하는 경제적 이익도 가져오는 지속 가능한 해결책입니다.

재활용으로는 플라스틱 문제를 해결할 수 없다?

폐기물 재활용의 중요성은 사람들 대부분이 인정하지만, 한편에서는 문제 해결의 열쇠는 아니라는 반론을 제기하고 있습니다. 우리는 플라스틱, 페트병, 비닐 등을 성실히 분리수거하며 잘 재활용될 것이라고 기대합니다. 그러나 분리배출한 플라스틱이 전부 재활용되지는 않는다는 점이 문제입니다.

우리나라에서는 1990년대부터 폐기물 문제에 대한 인식이 높아지면서 분리수거를 의무화하는 정책을 폈습니다. 정확히 말하면 '분리수거'보다 '분리배출'이 적절한 용어입니다. 정부의 궁극적인 목표는 플라스틱을 더욱 효과적으로 재활용하는 것입니다.

우리나라의 플라스틱 재활용률은 어느 정도일까요? 2019년 환경부 통계에 따르면 국내 플라스틱 폐기물 중 약 69.2퍼센트가 재활용됩니다. 상당히 높아 보이지만, 이 통계는 주로 산업 현장의 플라스틱 폐기물을 집계한 결과입니다. 가정에서 분리배출하는 플라스틱 폐기물은 통계에 포함되지 않았습니다. 관련 업계와 전문가들은 실제 재활용률은 수치보다 훨씬 낮다고 추정합니다. 또한 재활용 선별장에서는 재활용 가능한 플라스틱으로 분류된 양만 합산하기 때문에, 실제로는 소각되는 폐플라스틱도 통계에 포함됩니다. 어떤 언론 보도에 따르면 실제 재활용률은 30퍼센트를 넘지 않는다고 합니다.

재활용이 어려운 주된 이유 중 하나는, 재활용된 재생 플라스틱의 품질이 낮아서 시장 가치가 떨어지고 제조 업체들이 선호하지 않기 때문입니다. 음식물 등 이물질이 묻거나 다른 재료가 섞인 플라스틱 폐기물을 재활용하면 품질이 새 플라스틱만큼 좋지 않은 경우가 많습니다.

더 나아가 일부에서는 플라스틱을 재활용할 수 있다는 주장은 플라스틱 생산을 지속하려는 화학 산업계의 음모라는 주장까지 합니다. 플라스틱 생산 업계가 재활용 기술에 충분히 투자하지 않고 재활용 플라스틱의 품질 개선을 소홀히 하면서, 기술이 발전하면 플라스틱을 재활용할 수 있다는 논리로 생산량을 줄이지 않는다는 비판도 제기되고 있습니다.

연구에 따르면 1950년부터 2015년까지 65년간 전 세계에서 생산된 플라스틱은 83억 톤이고 그중 폐기물로 배출된 양은 58억 톤입니다. 이 가운데 재활용된 플라스틱은 단 9퍼센트고, 나머지는 버려졌거나 소각, 매립되었습니다. 물론 추정치지만 정확한 실제 수치도 크게 다르지는 않을 것입니다.

즉 플라스틱 폐기물 중 재활용된 비율은 단 9퍼센트입니다. 이렇게 보면 인류가 사용하는 물질 중 플라스틱만큼 제대로 순환되지 않는 물질도 드뭅니다.

플라스틱 재활용이 낮은 데는 몇 가지 현실적인 요인이 있습니다.

첫째는 플라스틱의 가격이 너무 싸기 때문입니다. 알루미늄 캔, 유리병, 종이 등이 활발하게 재활용되는 이유는 돈이 되기 때문입니다. 이들은 최종 제품의 가격이 비싸기 때문에 재활용 처리에 들어가는 비용을 충분히 회수할 수 있습니다.

둘째는 재활용 플라스틱 제품의 품질과 가격의 문제입니다. 재활용 제품의 품질을 충분히 높여야 실제 제품 생산에 활용할 수 있는데, 그러기 위해서는 많은 비용이 듭니다. 플라스틱의 장점은 다양한 용도로 다양한 재질을 사용할 수 있다는 점입니다. 심지어 여러 재질을 함께 사용할 수 있습니다. 이런 장점이 재활용에는 큰 단점이 됩니다. 특히 서로 다른 유형의 플라스틱을 뒤섞으면 재활용 제품의 품질이 떨어집니다. 재질별, 색깔별로 선별하여 재활용해야 다시 사용할 수 있지만, 여기에는 많은 비용이 듭니다. 또한 그 비용에 비해 본래 플라스틱의 가격이 낮다는 것도 큰 걸림돌입니다.

전 세계에서 연간 생산되는 플라스틱 4억 톤 중 일회용으로 사용되고 1년 이내 폐기되는 물량은 절반인 2억 톤입니다. 이러한 규모의 폐기물을 재활용하는 설비를 운영하려면 어마어마한 비용을 투자해야 합니다. 기업으로 하여금 이처럼 처리 비용은 무척 비싼데 생산하는 제품은 부가가치가 낮은 시설에 투자하도록 하는 것은 사실상 불가능합니다.

재활용에 대한 새로운 접근

플라스틱 재활용이 환경보호의 열쇠라는 것은 익히 알려져 있습니다. 재활용은 폐기물을 줄이고 자원을 아끼는 데 큰 역할을 할 수 있지요. 하지만 재활용 플라스틱의 품질, 경제성 등의 한계와 문제점들이 상황을 복잡하게 만듭니다. 따라서 플라스틱 재활용만으로는 폐기물 문제를 근본적으로 해결하기 어렵습니다.

진정으로 이 문제에 접근하려면 사용량을 줄이는 새로운 방향으로 나아가야 합니다. 즉 재활용 플라스틱 대신 지속 가능한 재료로 전환하는 것이 중요합니다. 유리, 금속, 종이 등 재사용할 수 있는 소재는 실질적으로 플라스틱 사용량을 대폭 줄일 수 있습니다.

예를 들어 음료와 식품을 담는 용기를 유리로 바꾸는 것만으로도 큰 변화를 일으킬 수 있습니다. 제품을 디자인하는 초기 단계부터 플라스틱 사용을 최소화하고 포장을 간소화하며 제품 수명을 늘리면 플라스틱 폐기물을 줄이는 데 기여할 수 있습니다.

전 세계에서 여러 도시가 '플라스틱 없는 도시'를 내세우며 이 변화에 동참하고 있습니다. 이 도시들의 목표는 플라스틱 폐기물의 홍수를 막기 위해 처음부터 사용을 줄이는 시스템을 구축하는 것입니다. 한편 '플라스틱세'를 도입하는 방안도 흥미로운 논의를 불러일으킬 수 있을 것입니다. 이러한 정책은 분명 효과적일 수 있지만, 소비자와 기업에 큰 영향을 미치기 때문에 신중하게 접근할 필요가 있습니다.

이처럼 여러 혁신적 접근과 정책을 결합하면 플라스틱 홍수가 없는 더 나은 미래로 한 걸음 나아갈 수 있을 것입니다.

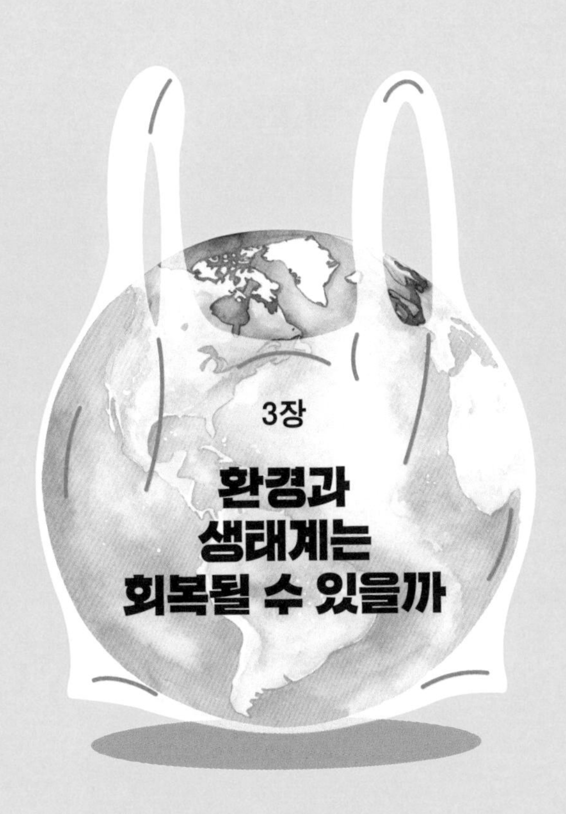

3장

환경과 생태계는 회복될 수 있을까

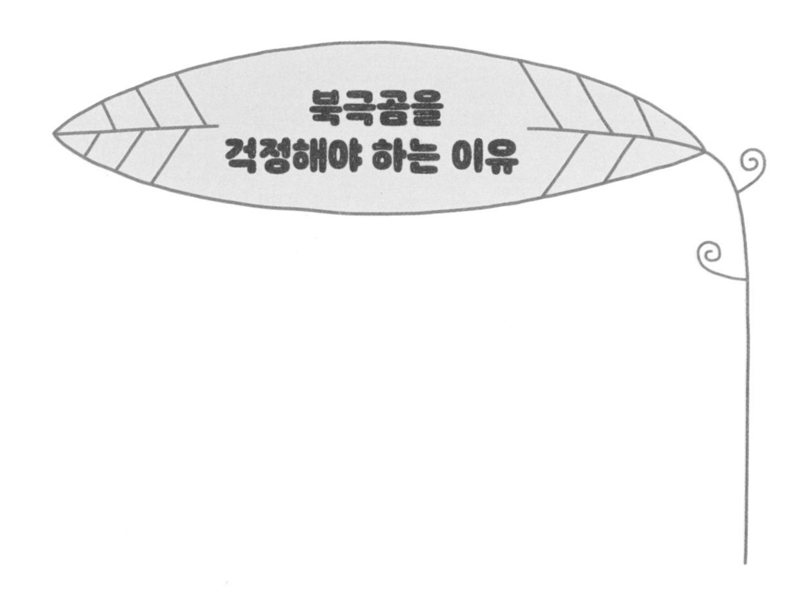

북극곰을 걱정해야 하는 이유

기후변화와 인간 때문에 북극곰이 멸종되고 있다?

하얀 눈 위에 어미 북극곰과 새끼 북극곰이 엎드려 있는 영상에 자막이 흐릅니다. “북극곰 타라는 무사히 살아남을 수 있을까요?” 영상은 공장 굴뚝에서 연기가 뿜어져 나오는 장면으로 바뀌고, 무너져 내리는 빙하를 차례로 보여줍니다. 얼음 위에서 북극곰이 헤매는 장면에 “죽어가는 북극곰. 북극곰 가족의 보호자가 되어주세요”라는 자막이 보입니다. 한 환경단체가 만든 영상 속 장면입니다.

북극곰의 생존이 위협받는 이유는 기후변화로 인해 주 먹이인 바다표범을 잡기 어렵기 때문이라고 합니다. 북극곰은 바다표범이 숨 쉬기 위해 올라오는 얼음 구멍에서 기다리는데, 사냥에 성공

멸종 위기에 처한 북극곰 © Wikimedia Commons

하려면 기온이 낮아서 얼음이 잘 얼어야 합니다. 북극곰은 육지에서는 그리 빠르지 않아 먹이를 사냥하기 어렵습니다. 지구온난화로 북극 기온이 높아지면서 얼음이 충분히 빨리 얼지 않아 북극곰의 사냥터도 크게 줄어들었습니다.

그런데 정말 기후변화 때문에 북극곰의 개체 수가 줄고 멸종이 시작된 것일까요? 이 문제에 대해서는 두 가지 관점이 있습니다.

일반적인 주장은 기후변화가 전 세계적으로 많은 생태계에 영향을 미치고 있다는 것입니다. 온난화로 서식지가 변했기 때문에 많은 생물종이 멸종 위기에 처했습니다. 특히 북극곰이 멸종하면 극지방의 생태계가 교란되고 먹이 연쇄가 무너져 다른 동물들도 생존이 어려워질 겁니다.

환경단체 등은 인간이 초래한 기후변화와 북극에서의 활동이 북극곰 멸종을 직접적으로 앞당기고 있다고 봅니다. 북극 해빙이 녹으면서 북극곰의 먹이 사냥이 어려워져 개체 수가 감소하며, 북극을 통과하는 해상 운송 활동이 증가하여 북극곰 서식지가 더 오염됩니다. 또한 여전히 북극곰 사냥도 계속되고 있어서 수가 줄고 있습니다.

북극곰 보호론자들은 온실가스 배출을 줄이고 인간의 북극 활동을 규제해야 멸종을 막을 수 있다고 주장합니다. 북극곰 감소는 온실가스 배출량을 줄이는 조치를 즉각 취할 필요가 있음을 상기시키는 현상이라는 의미입니다.

북극곰 멸종은 과장되었다?

하지만 다른 의견도 있습니다. 일부에서는 북극곰 멸종에 대한 우려가 과장됐다고 주장합니다. 그 이유는 생태계는 언제나 환경조건에 따라 적응하여 변화할 능력이 있기 때문입니다. 새로운 환경에 적응한 일부 종은 다른 종을 대신하여 우세종으로 살아갑니다. 또한 인간은 생물종 보전 및 복원을 통해 환경에 개입할 수 있습니다.

일부는 북극곰이 북극이라는 특정 지역에만 서식하므로 전 세계적인 생태계 안정성에 미치는 영향이 크지 않다고 봅니다. 그리고 이들을 인위적으로 보호하려면 막대한 자원이 필요하므로 차라리 더 유용한 다른 분야에 사용해야 한다고 주장합니다.

어느 연구에 따르면 북극곰 개체 수는 위험한 수준으로 줄지 않았고, 캐나다의 배핀만Baffin Bay 지역에서는 오히려 증가했습니다. 따라서 일부 선문가는 환경 변화에 대한 적응력이 있는 북극곰은 필요하면 다른 먹이를 찾을 수 있으며, 해빙 감소, 서식지와 먹이의 변화에 대응하여 진화하고 있다고 봅니다.

실질적인 보호가 필요한 이유

하지만 북극곰이 기후변화가 일으키는 환경 변화에 적응하여 진화하고 있다는 주장은 사실이 아닐 가능성이 높습니다. 북극곰의 수는 확실히 감소하고 있고, 이들은 바다표범을 사냥하지 못하면 새알, 식물 등을 먹이로 삼지만 이런 먹이는 생존에도 번식에도 불리합니다. 앞으로 기온이 상승하여 얼음이 더 줄어들면 북극곰은 생존이 더 어려워질 것입니다. 이 밖에 환경오염, 남획 등 다른 요소들도 북극 생태계를 위험에 빠뜨리고 있습니다.

여러 연구에 의하면 기후변화와 인간의 활동이 극지방의 대표적 동물인 북극곰의 생존을 위협하고 있는 것은 사실입니다. 과학자 대부분은 기후변화와 서식지 손실로 북극곰의 개체 수가 위협받고 있으며 보호 조치가 필요하다는 데 동의합니다. 국제자연

보전연맹IUCN은 야생 북극곰을 '중기적으로 멸종 위기에 처한 취약종'으로 분류했습니다. IPCC 보고서에 따르면 북극곰의 수가 2050년에는 30퍼센트 감소할 것으로 예상됩니다. 이처럼 북극곰은 기후변화가 북극 생태계에 미치는 광범위한 영향, 지구온난화의 심각성을 보여줍니다.

세계에서 가장 많이 사랑받는 동물 중 하나인 북극곰은 분명 멸종 위기에 처해 있습니다. 이들의 개체 수가 감소한 주요 원인은 기후변화지만 이것이 전부는 아닙니다. 인간의 석유·가스 탐사, 북극 관광과 개발이 늘어서 접촉이 더 많아지는 현상도 북극곰 서식 환경에 바람직하지 않고, 일부 원주민들의 밀렵도 문제입니다.

북극곰은 북극 생태계에서 매우 중요한 지표 동물입니다. 북극 생태계 먹이사슬의 꼭대기에 있기 때문입니다. 그래서 개체 수를 잘 관찰하면 인간의 활동이 북극 생태계에 어떤 영향을 미치는지 추정할 수 있습니다. 북극곰 수가 줄어들면 생태계에 문제가 생겼다고 보면 되기 때문입니다. 사실 이것이 우리가 북극곰을 걱정하는 진짜 이유입니다.

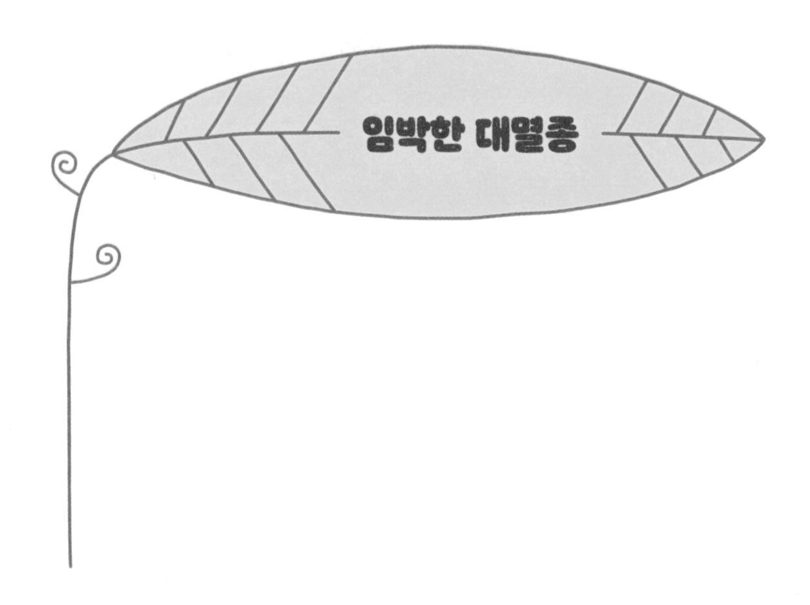

임박한 대멸종

생태계 대멸종 시나리오

지구의 미래가 위험합니다. 현재의 지구온난화 진행 속도를 고려하면 앞으로 300년 안에 과거의 대멸종 사건처럼 바다 생물종이 사라질 수 있을 만큼 심각합니다.

지구는 역사적으로 다섯 차례에 걸쳐 대멸종을 겪었습니다. 주요 원인은 소행성 충돌이나 화산 폭발과 같은 자연재해입니다. 그때마다 수많은 생물종이 멸종하면서 생태계가 극적으로 변화했습니다. 대멸종은 생태계에 심각한 타격을 주었지만, 시간이 지나면서 새로운 환경 조건에 적응한 새로운 종이 등장하여 생태계가 회복되었습니다.

생태계는 환경 변동을 흡수하고 핵심 기능과 구조를 유지하는

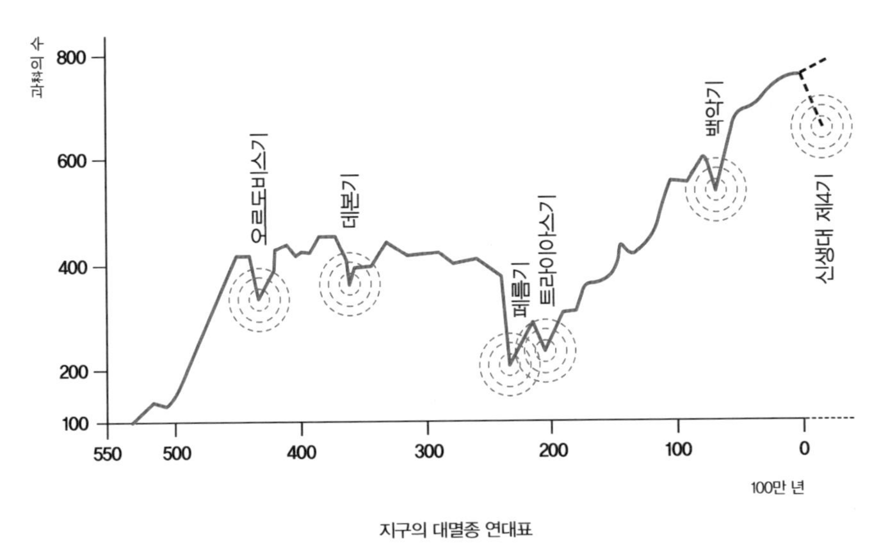

지구의 대멸종 연대표

회복력이 있습니다. 대량 멸종 이후에도 생태계는 점차 회복하고 새로운 조건에 적응합니다. 고생대 페름기 대별종, 중생대 백악기 대멸종 등 남아 있는 많은 증거는 멸종이 일어난 후에도 생태계가 지속될 수 있음을 보여줍니다. 공룡 등 한때 번성했던 주요 생물종이 사라져도, 변화한 환경에서 다른 생물종이 번성합니다. 돌발적인 변동에도 불구하고 생태계는 얼마나 유연하고 견고한지요.

생태계의 변화와 기후변화

과학자들은 인간의 활동 때문에 지구 역사상 전례 없는 속도로 온난화가 진행되고 있다고 경고합니다. 생태계와 생물 다양성이 급격히 변화하고 있는데, 많은 종이 새로운 서식지를 찾거나 환경에 적응하기에는 시간이 턱없이 부족합니다.

북극과 남극의 얼음이 녹아내리는 현상은 극지방 생태계에 서식하는 종들에게 치명적입니다. 해양 온난화로 인한 산소 부족과 산호의 산성화는 바다 생태계에 심각한 타격을 입히며, 일부 종은 이미 멸종됐습니다.

한편 기후변화는 지구 생태계에서 자연스러운 과정이었다는 주장도 있습니다. 일부 연구자는 현재의 지구온난화가 생태계에 미치는 영향이 과거의 자연적 기후변동과 비교해 과장되었다고 주장합니다. 수백만 년 동안 지구는 냉기와 온기를 오갔고 다양한 생태계가 진화와 적응을 거듭해왔습니다. 특히 공룡이 번성했던 온난한 시기는 생태계가 고온에 잘 적응할 수 있음을 보여주는 사례입니다.

인간만 사라질 뿐, 지구는 계속된다

그렇지만 현재의 급속한 온난화는 지구 역사에서 생태계가 경험했던 온도 변동과는 전혀 다르고 전례가 없는 수준입니다. 변화 속도가 너무 빨라서 생태계가 적응하거나 생물종들이 적합한 서식지로 옮겨 갈 시간이 충분하지 않은, 이제까지 한 번도 없었던 위협입니다. 따라서 '기후변화로 인한 생태계 대멸종'이 일어날 가능성을 배제하기 어렵습니다.

대멸종이 일어날 때 지구 생태계 전체가 멸종하는 것은 아닙니다. 대멸종 이후 생태계는 지속적인 회복력과 적응력을 통해 오히려 다양한 종이 번성하는 모습을 보여주었습니다. 현재 멸종 위기에 처한 지배종인 인류에게는 충격이지만, 생태계의 회복력을 생각하면 인간이 사라진 생태계를 또 다른 시각으로 바라볼 수 있습니다.

인간은 자연 없이는 존재할 수 없지만, 자연은 인간이 없어도 전혀 문제가 없습니다. 인간의 활동으로 수많은 종이 멸종 위기에 처했고, 도도새처럼 과거에 이미 멸종한 종도 많습니다. 기나긴 지구 역사에서 보면 인류의 멸종은 단지 하나의 사건에 불과할 수 있습니다. 평균온도가 6℃ 상승하면 인류는 종말을 맞이할지 모르지만, 지구에서는 새로운 생태계를 이룬 여러 종이 계속 함께 살아갈 것입니다.

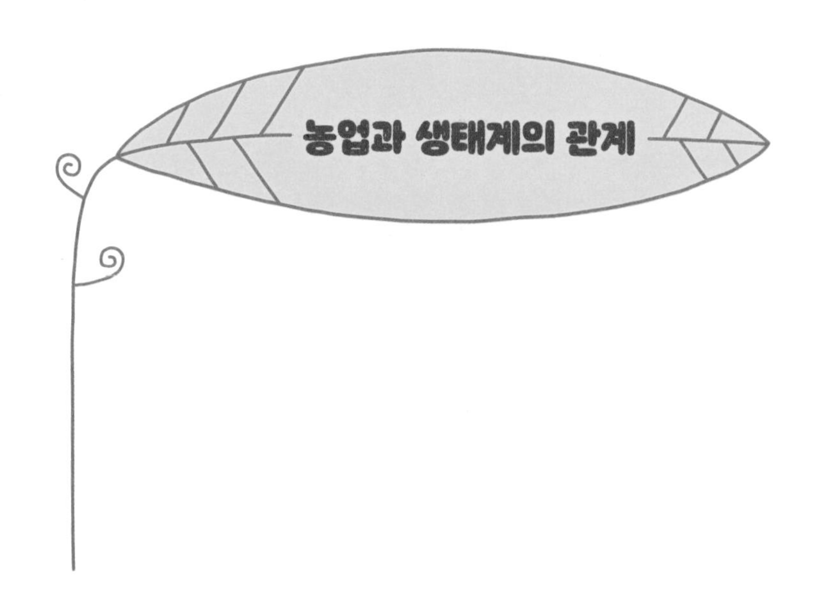

농작물을 위해서는 살충제가 필요한가

1962년 해양생물학자 레이첼 카슨Rachel Carson은 곧 전설이 될 책 《침묵의 봄The Silent Spring》을 출간합니다. 그런데 이 책의 제목은 왜 '침묵의 봄'일까요? 무분별한 살충제 사용으로 생태계가 파괴되고 새들이 모두 사라져 조용해져버린 봄의 모습을 그렸기 때문입니다. 당시 사람들은 큰 충격을 받았습니다. 이 책이 세상에 나왔을 때 환경오염이라는 개념은 무척 낯선 이야기였습니다. 그러나 카슨의 글은 세상을 뒤흔들었고 환경보호 운동에 불을 지폈습니다.

우리나라에서도 《침묵의 봄》은 환경문제에 관심 있는 이들이 반드시 읽어야 할 책으로 꼽힙니다. 하지만 여기서 한 걸음 더 나아가 오늘날 농업과 환경이 어떻게 조화를 이루면 좋을지 고민할 필요가 있습니다. 농업과 환경의 공존과 관련해서 많은 사람이 농업을 친환경적인 활동으로 오해하고 있습니다. 그러나 생태학적 관점에서 실상을 들여다보면 농업에 얼마나 반생태적인 면모가 많은지 깨닫게 됩니다. 단일 품종의 작물을 얻기 위해 얼마나 많은 다른 생물종의 생존을 위협하는지 생각해봐야 합니다. 그 중심에 살충제와 화학비료가 있습니다.

유기농·친환경 농산물에 대한 관심이 무척 높아졌습니다. 화학비료나 살충제를 사용하지 않고 재배한 농산물이 우리의 건강과 환경에 미치는 이로움과 가치를 인정하는 소비자들 사이에서는 이미 선택의 문제를 넘어선 듯합니다.

우리의 식탁 위에 오르는 신선한 농산물 뒤에는 농민들의 끊임없는 고민과 선택이 있습니다. 한편에는 풍요로운 수확을 위해 살충제와 화학비료를 계속 사용해야 한다고 주장하는 목소리가 있습니다. 작은 주말 농장조차도 농약이 없으면 제대로 된 수확을 기대하기 어렵다고 주장합니다. 실제로 제2차 세계대전 이후 화학비료와 살충제를 본격적으로 사용하면서 전 세계의 농업 생산량이 비약적으로 증가했습니다. 농약과 비료가 없으면 식량 생산량이 감소하는 것은 물론 가격이 상승하는 악순환으로 이어진다고 많은 사람이 경고합니다. 살충제가 해충을 퇴치해서 농민의 수고와 비용을 현저히 줄여준다는 점도 간과할 수 없습니다.

하지만 살충제와 화학비료가 환경과 생태계에 미치는 악영향

질소비료를 개발하여 농업 생산성을 크게 향상한 독일 화학자 프리츠 하버 © Wikimedia Commons

은 무시할 수 없는 문제입니다. 살충제는 유익한 곤충까지 죽이며, 화학비료는 토양과 물을 오염시켜 인간과 야생동물에게도 해를 끼칩니다. 특히 살충제는 꿀벌 개체 수를 감소시키는 등 농업에 치명적인 영향을 미치기도 하며, 사람에게는 암, 선천적 기형이나 신경 장애의 위험을 증가시킨다고 알려져 있습니다. 더욱이 장기적인 살충제 사용의 영향에 대한 연구가 부족한 현실과, 살충제에 대한 곤충의 내성 증가가 또 다른 우려를 낳고 있습니다.

일부에서는 이 문제들을 해결할 방안으로 유기농법을 제시합니다. 초기 비용과 노력이 많이 들지만, 토양이 좋아지고 환경 피해가 감소하면 장기적으로 농작물 생산 비용이 절감된다고 주장합니다. 또한 이들은 유기농법이 일반 농업만큼의 생산량을 달성할 수 있다고 굳게 믿습니다.

완전한 유기농업은 가능한가

농업의 미래를 둘러싼 논쟁은 언제나 뜨겁습니다. 한편에서는 환경보호와 지속 가능한 식량 생산을 위해 유기농업으로 전환해야 한다고 강조합니다. 다른 한편에서는 현실적 어려움을 지적하며, 그렇게 간단한 문제가 아니라고 말합니다.

살충제와 화학비료 사용은 긍정 효과와 부정 영향 사이에서 균형을 잡는 문제입니다. 농작물 수확량을 늘리고 품질을 유지하는데 기여하지만, 동시에 꿀벌 같은 유익한 곤충에게 해를 끼치며 환경에 좋지 않은 영향을 미치기 때문입니다.

그렇다면 유기농업으로 완전히 전환하는 것은 실제로 가능할까요? 환경을 보호하고 지속 가능한 농업을 실현하는 이점이 있는 유기농업이 어째서 널리 채택되지 않을까요? 유기농업은 해충을 다른 방법으로 방제해야 하고, 식물이 자연적으로 성장함에 따라 기존 방식과 다르게 재배해야 합니다. 그래서 노동력이 더 많이 필요하지만 결과적으로 수확량은 적습니다.

우리나라에서 친환경 농산물로 유기농법 인증을 받은 농가는 전체 농가의 5.4퍼센트입니다. 한편 유기농 재배 면적이 4.4퍼센트지만 생산량은 2.6퍼센트에 불과하다는 통계는 단위면적당 생산량이 전통 농법보다 뒤처진다는 사실을 명확히 보여줍니다. 최근 북한의 식량 부족 사태를 알리는 뉴스를 보면 작물 생산 감소에 대응하기 위해 농약과 비료를 반드시 지원받아야 하는 상황이

알아두면 좋은 농축산식품 인증 마크
© 농림수산식품교육문화정보원

라는 설명이 뒤따릅니다. 유기농업으로의 전환을 고려하려면 이러한 현실을 참고해야 합니다.

또한 유기농으로 전환하는 데는 과도한 비용이 들 수도 있습니다. 더 나아가 앞으로 개발도상국의 소규모 농업도 유기농으로 전환해야 한다는 주장이 실현할 수 있는 목표인지 아니면 부유한 나라에서만 가능한 일인지 의구심을 표하는 목소리도 있습니다.

최근 학술지 《네이처Nature》에 게재된 논문에 따르면 유기농업이 전통적 농업 방식보다 수확량이 적은 것은 분명합니다. 물론 특정 작물과 재배 조건에서는 유기농업도 전통 농업과 비슷한 수확량을 달성할 수 있습니다. 그러나 이상적인 조건을 현실에서 구현하기는 쉽지 않습니다.

유기농업이 안전한 식품을 제공할 수는 있지만 청정 지역이나 산간 지방을 제외하면 우리나라 대부분의 지역에서는 농약 없이 농사를 짓기가 어렵습니다. 또한 농민의 노동 강도와 비용을 고려할 때 유기농 비료를 화학비료 대신 사용하는 것은 간단한 일이 아닙니다. 한편으로는 낙동강의 여름철 녹조 문제가 유기농 비료 사용에서 기인한다는 지적도 있습니다. 퇴비화 과정에서 발생한 가축 분뇨가 비가 올 때 강으로 유입되어 녹조를 발생시킨다고 지목되는 것이지요.

유기농업 채택은 분명 어려운 일이지만 토양 개선, 환경 피해 감소, 안전한 식품 제공 등 여러 이점을 고려하면 가치가 높습니다. 몇몇 국가와 지역에서는 유기농법으로 전환하는 데 성공했고, 유기농 농산물 소비도 증가하는 추세입니다.

그렇지만 단기간 내에 모든 농업을 유기농업으로 전환하는 것은 해충 방제의 어려움과 수확량 감소 때문에 쉽지 않습니다. 살충제를 대체할 수 있는 효과적인 해충 방제법과 안전한 살충제 개발이 필요합니다. 또한 필요한 농약만 안전하게 사용하도록 하는 엄격한 규정과 살충제 의존도를 낮추는 농업 기술 도입도 중요합니다.

유기농업으로의 전환은 간단한 일이 아니라 농업의 지속 가능성을 위해 농민, 소비자, 정책 결정자가 함께 고민하고 노력해야 하는 복잡한 과제입니다. 모두가 협력하여 실질적이고 실천 가능한 해결책을 찾아나가는 지혜가 필요합니다.

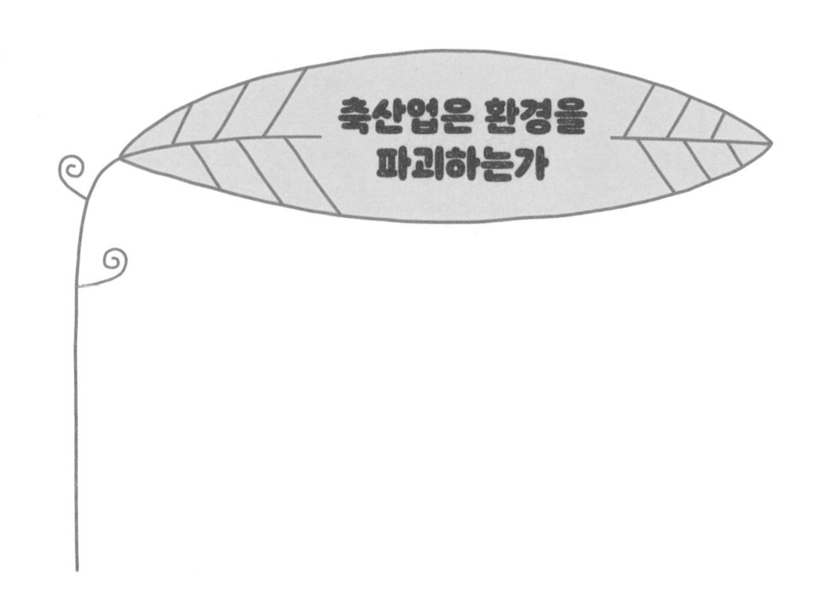

어쩔 수 없는 환경 파괴일까?

오늘날 축산업은 환경문제와 동물권이라는 두 이슈의 교차점에서 논란의 중심이 되고 있습니다. 가축 분뇨로 인한 악취, 수질 오염, 소가 배출하는 온실가스, 동물권을 침해하는 사육 등 축산업이 직면한 문제는 셀 수 없이 많습니다. 이 문제를 해결하기 위해 축산 현장에서 다양한 연구와 정책이 시행되고 있지만 소비자들은 이러한 노력을 잘 알지 못합니다.

축산업은 환경에 악영향을 미치는 기후위기의 주요 원인으로 지목되며 비판적 의견에 직면해 있습니다. 하지만 생태계 순환의 관점에서 축산업을 바라보면 문제의 본질이 공장식 축산에 있다는 생각도 하게 됩니다. 단순히 육식 자체를 비판하기보다는 축산물을 생산하는 과정에서 발생하는 환경문제에 주목할 필요가 있습니다. 지속 가능한 축산은 선택이 아니라 모두의 생존을 위한 필연적 문제이기도 합니다.

대규모 목장에서는 육류 생산을 위해 많은 자원을 소모하고, 그 결과 이산화탄소와 메탄을 많이 배출합니다. 또한 사료작물을 키우는 데 소요되는 비료와 물이 환경오염을 일으키는 문제도 나타납니다. 하지만 여러 가지 육류는 인류가 필요로 하는 단백질과 기타 영양소를 제공하는 중요한 역할을 합니다. 축산업은 또한 많은 일자리를 제공하여 경제에 기여합니다. 그럼 적절하게 관리하여 축산업이 환경에 미치는 영향을 최소화하면 될까요?

세계적 환경운동 단체 그린피스는 식습관을 육식에서 채식 중심으로 전환하면 탄소 배출을 크게 줄일 수 있다고 주장합니다.

하지만 육류 및 유제품에 대한 수요는 전 세계적으로 증가하고 있습니다. 지난 10년 동안 세계 육류 소비량은 연평균 1.9퍼센트, 유제품 소비량은 2.1퍼센트 증가했습니다. 모두 인구 증가 속도보다 두 배 빠릅니다. 전 세계 농지 중 80퍼센트를 가축 사료를 재배하는 땅이 차지하고 있습니다.

이미 전 세계에 230억 마리가 있어서 지구 상에서 가장 흔한 새(?)인 닭은 조류 전체 개체 수인 500억 마리의 절반이나 됩니다. 유엔 식량농업기구FAO에 따르면 2015년 (닭을 제외한) 전 세계 가축 수는 10억 마리의 소, 양, 염소 등을 포함해서 41억 마리이고 2050년에는 58억 마리로 증가할 것입니다.

축산업의 어마어마한 온실가스 배출량

육류 생산이 기후변화에 큰 영향을 미친다는 주장은 FAO의 〈축산업의 긴 그림자Livestock's Long Shadow〉라는 2006년 보고서에서 나왔습니다. 이 보고서에 따르면 축산업에서 배출되는 온실가스는 연간 71억 톤으로, 전체 온실가스의 14.5퍼센트를 차지하는 엄청난 양입니다. 가축과 배설물, 사료 생산 과정 등의 온실가스 배출을 모두 포함한 수치입니다.

축산업에서 발생하는 온실가스 중 80퍼센트는 육류와 유제품, 달걀을 생산하는 과정에서 나옵니다. 사료 재배, 축사 냉난방, 도축 과정 등에서도 많은 에너지가 소비됩니다. 소가 배출하는 메탄도 큰 문제입니다. 메탄은 온난화 효과가 이산화탄소의 50배에 이릅니다. 축산업에서 발생하는 메탄의 양은 전체 메탄 배출량의 30퍼센트를 차지합니다. 전 세계적으로 소들이 트림과 방귀로 내뿜는 메탄이 전 세계 온실가스 배출량의 약 4퍼센트, 이산화탄소 20억 톤과 동일한 온난화 효과를 일으킵니다.

축산업이 환경에 미치는 영향은 과장되었다?

축산업의 온실가스 배출량이 전체 배출량의 14.5퍼센트를 차지한다는 주장은 눈길을 끕니다. 그런데 이 수치는 과연 정확할까요?

2006년에 발표한 보고서에서 FAO는 축산업의 사료 재배부터 육류의 유통, 판매, 폐기에 이르는 모든 과정에서 발생하는 이산화탄소 배출량을 총체적으로 계산했습니다. 그 결과 화석연료를 사용하는 운송 분야보다 축산업의 배출량이 더 많다고 발표했습니다. 하지만 축산업과 운송 분야를 공평하게 비교하려면 운송 분야의 자동차 생산 과정에서 발생하는 모든 배출량을 합산해야 합니다. 다시 계산하면 축산업의 실제 배출량은 처음 제시된 수치의 절반인 약 7퍼센트로 추정됩니다.

그럼 우리나라 상황은 어떨까요? 2019년 환경부는 〈국가 온실가스 배출량 통계 보고서〉에서 국내 축산업의 온실가스 배출량이 950만 톤이고, 전체 배출량의 1.3퍼센트에 해당한다고 발표했습니다. 세계 평균인 7퍼센트보다 훨씬 낮습니다. 이 차이의 원인은 아마도 우리나라가 육류의 60퍼센트를 수입하기 때문일 것입니다. 농업 분야 전체의 온실가스 배출량이 2,100만 톤인 것을 생각하면 축산업의 온실가스 배출량이 얼마나 과장되었는지 알 수 있습니다.

그렇지만 축산업이 전체 온실가스 배출량 중 7퍼센트 정도만 차지한다는 반론을 인정하더라도, 절대 작지 않은 이 숫자에 주목할 필요가 있습니다. 우리가 즐겨 먹는 스테이크, 맛있는 치즈버거가 지구에 어떤 영향을 미칠까요? 육류 소비를 줄이면 기후변화 완화와 환경문제 해결에 얼마나 도움이 될까요?

축산업과 사료 재배를 위해 대규모 숲을 없애면 생물 다양성과 생태계가 심각한 타격을 입습니다. 벌목은 기후변화를 가속화하는 커다란 요인입니다. 이산화탄소를 흡수하는 나무들을 없애 지구온난화를 더 빠르게 만들기 때문입니다.

대표적이고 충격적인 사례가 아마존 열대우림입니다. 연구에 따르면 2001년부터 2020년까지 아마존에서 무려 54만 제곱킬로미터의 숲이 사라졌습니다. 우리나라 면적의 다섯 배에 해당하는 수치입니다. 또한 브라질, 볼리비아, 페루 등이 아마존 지역을 개간하는 과정에서 축산업이 큰 부분을 차지하고 있다는 사실을 드러냅니다.

식습관 변화와 축산업의 미래

우리의 식탁은 그동안 크게 변화했습니다. 예전에는 식단에서 쌀과 채소가 주를 이루었지만 이제는 육류 소비가 눈에 띄게 증가했습니다. 한국농촌경제연구원 보고서에 따르면 1990년대 초반에는 1인당 연간 육류 소비량이 9킬로그램에 불과했지만 2002년에는 33.5킬로그램으로, 2022년에는 놀랍게도 58.4킬로그램으로 증가했습니다. 소득 수준이 향상하고 외식 산업이 성장한 덕분인데, 이러한 증가는 특히 소 사육에 큰 영향을 미칩니다. 소고기 1킬로그램을 생산하는 데 평균 99.5킬로그램의 온실가스가 배출됩니다.

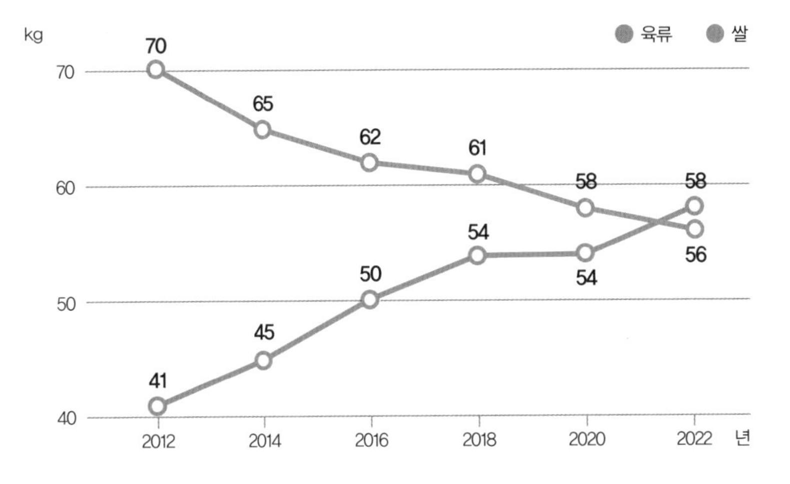

한국의 1인당 연간 육류 소비량과 쌀 소비량. 출처: 한국농촌경제연구원

그렇다면 우리는 앞으로도 계속 고기를 먹을 수 있을까요? 그리고 축산업의 미래는 과연 친환경적일 수 있을까요? 이 질문에 대한 답은 육류 소비를 줄이는 것에서 시작됩니다. 순환 방목 같은 친환경 축산은 환경에 미치는 부정적 영향을 어느 정도 줄일 수 있는 지속 가능한 방법입니다.

더 나아가 대체 육류 생산도 활발히 연구되고 있습니다. 여러 연구자가 콩고기나 식용 곤충, 심지어 동물의 줄기세포를 사용한 배양육 등으로 고기를 대체하는 방법을 모색하고 있습니다. 대체 육류는 동물 복지와 환경보호 측면에서 많은 장점이 있지만, 배양육은 생산 과정에서 많은 에너지가 소모되고 기술이 아직 성숙하지 않아 생산 비용이 높다는 문제가 있습니다.

육식이든 채식이든 결국 개인의 선택입니다. 하지만 우리 모두는 소비자로서 선택을 통해 지구 환경을 긍정적으로 변화시킬 수 있다는 사실을 알아야 합니다. 바른 정보에 기반하여 육류 소비를 줄이고 탄소 발자국을 줄이는 친환경 축산을 지지하면 축산업이 환경에 미치는 영향을 최소화할 수 있습니다.

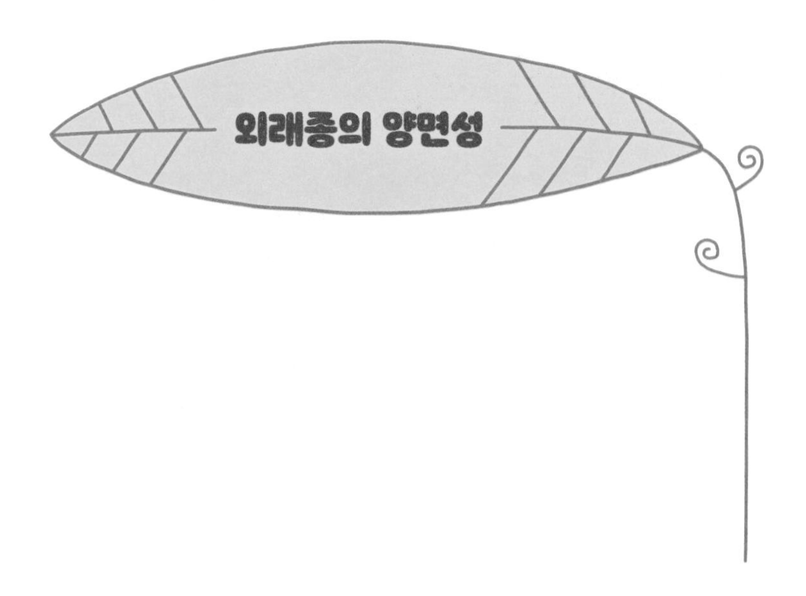

낯선 생물들의 방문

우리나라 땅에 조용히 발을 디딘 침입자, 황소개구리. 이 생명체는 큰입배스, 블루길, 붉은귀거북 같은 외래종 친구들과 함께 우리나라 자연을 새로운 무대로 삼았고, 강력한 번식력과 생존력으로 토종 생태계의 평화를 위협합니다. '생태계 교란 생물'이라 불리는 이들은 생물 다양성 손실로 이어지는 중대한 환경문제의 주역입니다.

그러나 한쪽 면만 보고 판단해서는 안 됩니다. 외래종 황소개구리가 미치는 영향은 분명 부정적인 면이 크지만, 이제 우리나라 생태계의 일부로 자리 잡았다는 시각도 있습니다. 인간의 욕심으로 도입되었지만 이제는 생태계 내에서 자기만의 자리를 찾으려 애

북아메리카에서 우리나라로 들어온 황소개구리 © Wikimedia Commons

쓰고 있습니다.

최근 뉴스에서는 황소개구리에 관한 다양한 소식을 접할 수 있습니다. 한편으로는 금개구리 서식지까지 위협한다며 생태계 교란의 주범으로 지목하고, 다른 한편으로는 토종 생태계가 반격하여 황소개구리 개체 수가 감소했다는 희망적인 소식도 전합니다. 상반된 정보 속에서 어느 쪽이 진실에 가까운지, 또는 다양한 견해 속에서 어떻게 균형을 찾을지 생각해볼 필요가 있습니다.

외래종 황소개구리 이야기는 인간과 자연의 공존, 그리고 앞으로 나아갈 방향에 대한 깊은 성찰을 요구합니다. 이들은 습격자일까요, 아니면 새로운 이웃일까요?

외래종이 토종 생태계를 교란한다?

유입된 외래종이 우리 생태계의 생물 다양성을 위협한다는 주장은 이제 널리 인정받고 있습니다. 새로운 생태계에 들어온 외래종은 자연 천적이 없어서 번식하기 유리하기 때문에 토착 생물의 생존과 번식을 압도하며, 결과적으로 토착종의 개체 수 감소는 물론 멸종까지 낳을 수 있습니다.

황소개구리는 우리나라에 유입된 외래종 중 대표적인 사례입니다. 1970년대 우리나라는 농가 소득을 높이기 위해 북아메리카가 원산지인 황소개구리 양식을 도입했지만, 예상과 달리 수요가 부족해 사업이 실패했습니다. 이후 황소개구리가 탈출하거나 무단 방사되어 개체 수가 급격히 많아졌습니다. 토종 생태계에 대한 부정적 영향을 검토하지 않고 도입한 황소개구리는 크기와 무게가 토종 개구리를 훨씬 능가하며, 심지어 뱀까지 잡아먹어서 토종 생태계 파괴의 주범으로 지목되었습니다.

반면 일각에서는 이제 황소개구리가 한국 생태계에 큰 위협이 되지 않는다고 주장합니다. 황소개구리를 제외한 일부 외래종이 때로는 생태계에 긍정적인 영향을 줄 수 있다는 의견도 있습니다. 자생 생태계가 파괴된 지역에서 외래종이 새로운 먹이가 됨으로써 다른 토착종의 생존을 돕는다는 의견도 있습니다.

예를 들어 우리나라 양봉업에 필수적인 꿀벌은 사실 1910년대에 독일 선교사가 유럽에서 도입한 외래종입니다. 현재 양봉 농가에서 키우는 꿀벌은 대부분 외래종이고, 토종 꿀벌은 전체의 4퍼센트에 불과합니다(2020년 통계). 하지만 외래종 꿀벌이 꿀샘이 깊은 아까시나무에 주로 몰리고, 토종 꿀벌은 꿀샘이 얕은 야생화와 밤꽃을 선호하여 두 종이 공존할 수 있다는 연구 결과도 있습니다. 이처럼 시간이 지나면 생태계 내에서 새로운 균형이 생기기도 합니다.

황소개구리의 개체 수는 최근 몇 년간 감소하고 있습니다. 자연의 포식자들과 생물학적 방제 덕분에 숫자 조절에 어느 정도 성공했다는 의미입니다. 청주의 무심천에서는 2년 만에 개체 수가 20분의 1로 줄었고, 전남 하의도에서도 10분의 1로 감소했다고 보고되었습니다.

이러한 변화의 배경에는 대표적인 토종 육식 어종인 가물치 등이 황소개구리의 알과 올챙이를 먹기 시작한 현상이 있습니다. 한 연구에 따르면 100마리가 넘는 황소개구리가 서식하던 저수지에 가물치와 메기 여섯 마리를 방류한 결과 5년 후 황소개구리가 열 마리 이하로 줄어들었습니다. 반면 인근의 다른 저수지는 여전히 황소개구리 200~300마리가 우글거리는 대조적인 결과가 나타났습니다.

전문가들에 따르면 토종 물고기가 정상적으로 생활하는 환경에서는 황소개구리가 문제가 될 정도로 번성하기 어렵다고 합니다. 즉 교란된 습지 환경에서 가물치, 메기 등 토종 물고기를 복원하면 생물 다양성을 높이고 황소개구리의 번식을 억제할 수 있습니다.

외래종에 관한 문제는 거의 항상 인간의 손에서 시작됩니다. 생태학자 최재천 교수의 지적에 따르면 인천국제공항에서는 매일 외국에서 다양한 목적으로 들여오는 동물이나 식물이 적발됩니다. 황소개구리를 양식용으로 들여온 사례는, 외래종이 생태계에 미칠 영향을 잘 몰랐거나, 알면서도 도입한 경우가 많음을 보여줍니다.

박멸은 답이 아니다

외래종은 생물 다양성에 큰 영향을 미치므로 우선은 유입을 막는 것이 좋습니다. 하지만 이미 유입된 외래종에 어떻게 대응할 것인가는 매우 복잡한 문제입니다. 박멸이 제일 나은 방법일까요? 아니면 영향을 최소화하는 수준에서 관리하는 전략이 바람직할까요?

생태계에 천적이 없는 종을 통제하기 위해 외래종 천적을 도입했다가 오히려 문제가 더 커진 경우가 역사적으로 많습니다. 이런 문제에 대응하고 해결책을 결정할 때는 해당 종을 포함한 전체 생태계를 이해하고 종합적으로 접근할 필요가 있습니다.

물론 대부분의 외래종 유입은 생태계와 토착종에게 해악을 미치지만, 이 문제도 자연의 치유자인 시간이 어느 정도 해결할 수 있음을 현실이 증명해줍니다. 1970년대 초 우리나라에 처음 등장한 황소개구리는 토착 개구리와 물고기를 대량으로 포식하며 위협했습니다. 그러나 약 50년이 지난 지금은 개체 수가 오히려 감소하는 추세입니다. 놀랍도록 짧은 시간 내에 자연이 스스로 균형을 찾아간다는 사실을 알 수 있습니다. 자연의 시간은 수천, 수만 년의 규모로 움직이므로 인간의 시간 개념과는 비교할 수 없습니다.

황소개구리 사례는 자연 질서 복원을 통해 문제에 대응하는 것이 어떻게 생태계의 균형을 유지하는 데 중요한 역할을 하는지를 보여줍니다. 결론은 우리 생태계를 어떻게 건강하게 유지하고 보존하느냐에 초점을 맞춰야 한다는 것입니다. 외래종이 미치는 영향에 대한 과도한 공포에 휩싸일 필요는 없습니다. 생태계와 서식지 보호에 집중하면 외래종 문제는 큰 장애가 되지 않을 수 있기 때문입니다.

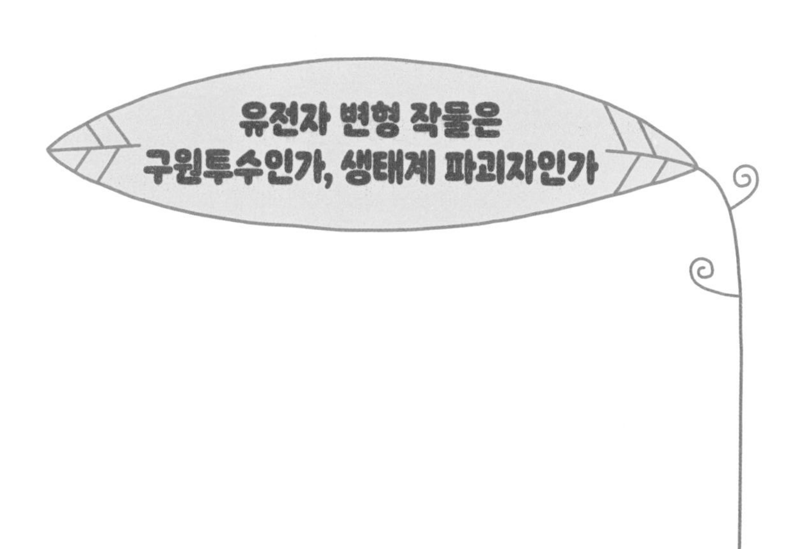

GMO로 해충과 가뭄을 이겨낸다?

유전자 변형 작물GMO에 관한 이야기 많이 들어보셨죠? GMO 기술은 농작물 품종을 획기적으로 개량하는 육종 방식 중 하나입니다. 전통적인 육종 방식은 멘델의 유전 법칙에 따라 특성이 우수한 개체를 발견하기까지 많은 시간을 들여 교배를 반복합니다. 반면 GMO 기술은 다른 종의 우수 유전자를 도입해 자연에서 생겨나지 않을 새로운 특성을 만들어낼 수 있습니다.

GMO 기술로 유전자를 조작하여 더 우수한 작물을 재배할 수 있으면 식량 공급 증가와 환경 부담 경감이라는 두 마리 토끼를 잡을 수도 있을 것입니다. 하지만 GMO의 잠재적 위험을 배제할 수 없습니다. 유전자 조작이 생태계에 미칠 수 있는 영향과 장기적 안전성에 대한 지속적인 연구가 필요하며, 특히 농업 분야의 GMO 기술 사용은 신중하게 접근해야 합니다.

GMO는 환경과 인간 건강에 대한 우려 때문에 수십 년간 뜨거운 논란의 주제가 되었습니다. 일각에서는 GMO가 심각한 위험을 초래할 수 있고 생태계에 미칠 영향과 장기적 안전성에 대한 연구가 여전히 진행 중이므로 신중하게 사용해야 한다고 주장합니다. 반면 다른 일각에서는 GMO가 환경에 미치는 영향이 미미하다고 반박합니다. 한편으로 씨 없는 수박, 방울토마토, 초당옥수수 등 전통적 육종으로 개발된 품종들도 GMO 아니냐고 오해하는 경우도 있습니다.

변화하는 환경에 적응할 수 있는 작물을 개발하여 기후변화에 대응하고 멸종 위기종을 보호하기 위해 GMO 기술을 활용하기도 합니다. 일부에서는 이 기술을 효과적인 해결책으로 여기지만 안전성과 환경 윤리에 대한 우려는 여전합니다.

인류는 기후변화와 인구 증가라는 양면 협공을 당하고 있습니다. 이에 따라 심각한 문제인 식량난을 혁신적으로 해결할 방법으로 GMO가 주목받고 있습니다. 해충에 약하고 수확 후 쉽게 부패하는 농작물을 GMO 기술로 개선하면 해충에 강해지고 오래 보관할 수 있습니다. 특정 영양분이 풍부한 GMO를 개발하면 비타민이 풍부한 GMO 감자 같은 식품을 빈곤 지역에 제공하여 영양 결핍 문제를 해결할 수도 있습니다.

기후변화는 많은 농작물에 큰 피해를 주지만, GMO 기술을 활용하면 극한 기상 조건에도 견디는 작물을 개발할 수 있습니다. GMO 농작물은 환경문제의 한 축인 살충제와 제초제 사용을 줄이는 데도 기여할 수 있습니다. 실제로 GMO를 통해 살충제 사용량을 현저히 줄였다는 연구 결과가 여럿 보고되었고, 중국에서는 GMO 목화를 도입해 살충제 사용을 80퍼센트까지 줄이기도 했습니다.

GMO는 자연에 대한 위협인가

하지만 GMO에 대한 논란은 항상 뜨거운 감자입니다. 특히 변형된 유전자의 특성이 자연의 식물에 전해질 수도 있다는 주장 때문에 우려하는 목소리가 높습니다. 반대론자들은 제초제나 살충제에 저항력이 생긴 '슈퍼 잡초'나 '슈퍼 해충' 같은 예기치 않은 결과가 나타나 환경에 심각한 악영향을 미칠 수 있다고 경고합니다. 실제로 GMO 카놀라 연구에서 야생 식물로 유전자가 전파될 가능성이 발견되었다고 보고된 적이 있습니다. GMO 기술을 널리 사용하는 지역에 슈퍼 잡초와 슈퍼 해충이 출현하면 제초제와 살충제에 대한 의존도가 더 높아진다는 염려도 제기됩니다. 더 나아가 GMO나 유전자 편집 기술 사용에 인간과 생태계의 안전을 위협하는 윤리적 문제가 있다는 주장도 있습니다.

이제는 막을 수 없다

현대 농업은 이미 GMO의 시대입니다. 일부 국가에서는 재배를 엄격하게 규제하고 있지만, 전 세계적으로 널리 재배되는 GMO들은 이미 식탁 위에 들어서 있습니다. 1994년 GMO 토마토가 미국 식품의약국FDA의 승인을 받은 이후 지금은 미국에서 재배되는 콩의 94퍼센트, 옥수수의 92퍼센트, 그 외 10가지 이상이 GMO로 재배되고 있습니다.

우리나라는 전 세계에서 GMO를 가장 많이 수입하는 나라 중 하나입니다. 대표적인 수입 GMO는 콩, 옥수수, 유채(카놀라)입니다. GMO 콩으로 식용유 같은 가공품과 두부나 두유 같은 건강식품을 만들고, GMO 옥수수로 액상 과당을 만듭니다.

그러나 유럽의 일부 국가들은 GMO 재배를 제한하고 규제를 강화했습니다. GMO의 잠재적 위험성에 대한 논란이 여전하며, 추가 규제가 필요하다는 목소리가 높기 때문입니다. GMO의 영향에 관한 논란의 초점은 유전자가 오염될 가능성이 있다는 것입니다. 개발 과정에서 야생 식물과 교배하면 자생 식물종을 손상시키고 생물 다양성에 악영향을 준다는 논리가 강하게 제기되고 있습니다. GMO가 유기체와 생태계에 미치는 의도치 않은 영향은 그 복잡성 때문에 예측하기가 어렵습니다.

GMO가 인체에 미치는 영향

그럼 GMO를 먹으면 우리 몸에 이상이 생길까요? 유전자 변형 식품을 섭취하면 몸의 유전자가 변형된다고 생각할 수도 있습니다. 우리가 음식을 먹을 때 다양한 외래 DNA를 섭취하는 것은 사실입니다. 하지만 그 외래 DNA가 몸에서 유전자 변형을 일으킨다는 주장은 과학적 근거가 부족합니다.

세상에는 다양한 먹거리가 존재하지만 그 안의 포도당이나 아미노산, 지방산의 분자는 모두 같습니다. 심지어 유전자와 효소도 같습니다. 따라서 작물에 외래 유전자를 도입하더라도 유전자가 발현하는 특정 단백질 하나가 달라질 뿐 포도당이나 지방산 같은 기본 구성 분자는 바뀌지 않습니다.

사실 모든 식품은 소화 과정에서 해체되어 분자 단위로 몸에 흡수됩니다. 전분은 포도당, 단백질은 아미노산, 지방은 글리세롤과 지방산으로, 심지어 DNA도 핵산으로 분해되어 흡수됩니다. 이 모든 분자는 원천이 무엇이든 완전히 똑같습니다. 그럼에도 많은 사람이 GMO를 지나치게 의심하는 경향이 있습니다.

희망 혹은 위협

GMO에 대한 궁금증 가운데는 아직 해결되지 않은 것이 많습니다. 주변 생태계와 어떻게 상호작용하는지, 그리고 장기적으로나 잠재적으로 어떤 위험이 있는지에 대한 이해는 여전히 초기 단계입니다.

따라서 GMO에 대한 세계 각국의 입장은 천차만별입니다. GMO의 대표 주자라 할 수 있는 미국은 국립과학아카데미NSA를 통해 GMO의 안전성을 공식적으로 인정했습니다. 많은 사람이 20년간 섭취했지만 부작용이 전혀 보고되지 않았다는 것이 근거입니다. 반면 유럽, 러시아, 중국 등은 GMO에 훨씬 부정적입니다.

우리나라는 2001년부터 GMO 식품에 대한 의무 표시제를 시행하고 있지만, 소비자가 GMO 식품을 선택하지 않을 충분한 정보를 이 제도가 제공하지 못한다고 지적되고 있습니다. 왜냐하면 가공식품의 경우 GMO 단백질이 직접 검출되지 않는 한 원료가 GMO인지 아닌지를 알릴 필요가 없기 때문입니다.

수십 년에 걸친 연구에도 불구하고 GMO가 환경과 인체에 미치는 영향에 대한 확실한 결론은 아직 제시되지 않고 있고 논란도 계속되고 있습니다. 따라서 GMO의 안전성을 신중하게 평가할 수 있는 강력한 규정과 정책을 마련할 필요가 있습니다. 여기에는 GMO 식품에 대한 라벨링, 안전성 테스트, 연구 개발 과정의 투명성 확보 등이 포함됩니다.

GMO 식품은 식량난 해결, 영양가 높은 작물 개발, 기후변화 대응 등을 통해 인류에게 많은 이점을 줍니다. 그러나 한편으로는 인체에 미치는 영향에 대한 우려도 여전합니다. 따라서 GMO의 잠재적 위험과 이점을 신중하게 고려해야 하고, 환경에 미치는 부정적 영향을 방지하기 위해 안전한 재배와 사용에 대한 조치가 매우 중요합니다.

4장

우리나라 대기오염과 미세먼지의 원인

미세먼지에 관한 일반적 인식

미세먼지는 눈에 보이지 않을 정도로 작아서 대기 중에 떠다니는 먼지를 말합니다. 우리나라에서는 먼지 입자의 지름이 10마이크로미터μm 이하이면 미세먼지(PM10)로, 지름이 2.5마이크로미터 이하이면 초미세먼지(PM2.5)로 부릅니다.

미세먼지에 장기간 노출되면 감기, 천식, 기관지염 등의 호흡기 질환과 심혈관 질환, 피부 질환, 안구 질환 등 각종 질병의 위험이 커집니다. 특히 초미세먼지는 호흡기인 기관지와 폐 속까지 침투하여 각종 질환을 유발합니다. WHO는 2013년에 폐암과 방광암의 원인 중 하나로 지목된 미세먼지를 1군 발암물질로 지정했습니다. 1군 발암물질이란 단순히 암과의 연관성이 의심되는 정도를 넘어서 암을 일으키는 것으로 확인된 물질을 뜻합니다.

봄이 오면 푸른 하늘이 점차 뿌옇게 변하고 미세먼지 농도가 높아져서 사람들이 중국을 비난하곤 합니다. 많은 사람의 말처럼 그 미세먼지들은 정말 중국에서 바람을 타고 날아온 것일까요? 그렇다면 날아드는 미세먼지를 막을 수는 없을까요? 아니면 중국의 미세먼지 배출이 줄어들기를 기다려야 하는 걸까요? 이 문제를 해결하기 위한 전략과 정책을 세우려면 먼저 미세먼지가 어디서 발생하고 어떻게 이동하는지를 이해할 필요가 있습니다.

한국 미세먼지의 주요 원인이 중국에서 시작된 고농도 대기오염이라는 주장은 언론에 자주 등장합니다. 중국의 산업과 경제가 빠르게 성장하면서 발생하는 대기오염 물질이 한반도로 날아온다는 것입니다. 중국이 대기오염의 심각성을 잘 모르기 때문에, 문제를 해결하려면 중국 제품에 대한 수입 규제를 강화해야 한다는 주장도 자주 등장합니다. 또한 오염 물질 배출을 줄이도록 중국 정부를 압박해야 하며, 이를 위해 외교적으로도 협력할 필요가 있다는 주장도 제기됩니다.

중국의 영향은 34퍼센트에 불과하다?

한편 중국의 대기오염이 한국의 미세먼지에 큰 영향을 미치지는 않는다는 주장도 있습니다. 이 주장은 국립환경과학원이 발표한 보고서에 근거를 두고 있습니다. 보고서에 따르면 한국 미세먼지 문제의 주요 원인은 발전소, 산업체, 자동차, 그리고 가정의 에너지 사용 등입니다. 이러한 원인이 한국 전체 미세먼지 농도의 약 60퍼센트를 차지합니다.

또한 계절풍, 황사, 산불 등의 자연적 요인도 미세먼지 농도에 영향을 미친다는 점을 생각해야 합니다. 이 요인들의 영향력은 무시하기 힘들고, 쉽게 예측할 수도 없습니다.

사실을 규명하자면, 중국의 대기오염 물질이 한국으로 이동하는 것은 분명합니다. 2016년 5월 국립환경과학원은 미국항공우주국NASA과 함께 6주 동안 '국내 대기 질 공동 연구KORUS-AQ'를 진행하고 중간 결과를 발표했습니다. 발표에 따르면 중국에서 발생한 미세먼지가 한국의 미세먼지 농도에 미치는 영향은 약 34퍼센트에 불과했습니다. 나머지는 국내에서 발생한 미세먼지라는 의미입니다. 따라서 중국 대기오염의 영향은 생각보다 크지 않다고 결론 내릴 수 있습니다.

대기오염에 관한 새로운 사실

전 세계가 코로나19 팬데믹에 휩싸인 2020년 인간의 산업 활동과 운송이 전례 없이 줄어들었습니다. 그 결과 대기오염도 크게 감소했는데, 특히 주목받은 곳은 바로 코로나19의 진원지 중국이었습니다.

다음 그림은 NASA가 발표한 아시아 지역의 이산화질소 농도 분포입니다. 이산화질소는 공장, 자동차, 발전소 등에서 배출되는 대표적인 대기오염 물질로, 인공위성의 원격탐사 기술로 측정할 수 있습니다. 이산화질소 농도는 대기 질 상태를 잘 반영하는 지표입니다.

그림은 코로나19 발생 초기인 2020년 1월(왼쪽 그림)과 발생 이후 약간 시간이 지난 2월(오른쪽 그림)의 이산화질소 농도를 나타냅니다. 갈색이 짙을수록 대기오염이 심하다는 뜻입니다. 2월에 중국의 대기오염 정도가 특히 낮아졌음을 알 수 있습니다. 인간의 활

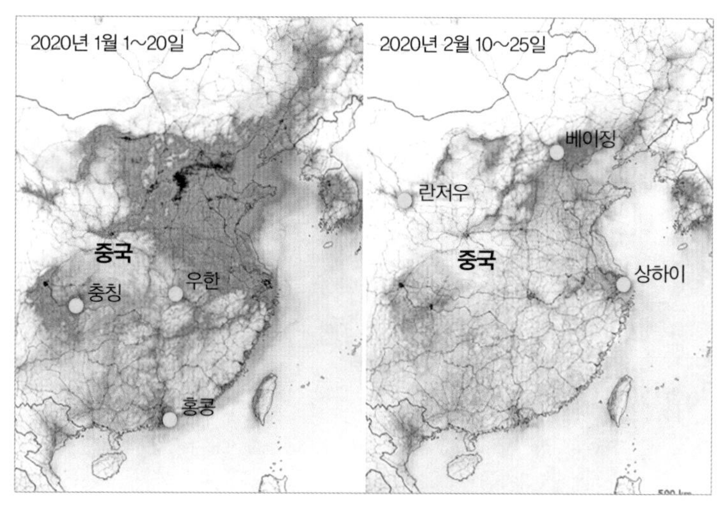

코로나19 팬데믹 시기에 급락한 중국의 이산화질소 농도 © NASA

동이 적어지면 대기오염이 얼마나 극적으로 줄어드는지를 확인할 수 있습니다.

이 변화에서 제가 눈여겨본 것이 있습니다. 그림에서 중국 오른쪽에 위치한 우리나라의 이산화질소 농도입니다. 중국의 대기오염이 눈에 띄게 감소했지만 우리나라의 대기오염은 거의 변하지 않았습니다. 이는 우리나라 미세먼지 문제를 개선하기 위해서는 국내 발생원을 해결할 대책이 필요하다는 의미입니다.

미세먼지의 새로운 원인, 2차 생성 미세먼지

우리나라 수도권의 높은 초미세먼지 농도는 중국에서 유입되는 미세먼지만으로는 설명하기 힘듭니다. 이 문제를 파헤치기 위해 연구자들은 초미세먼지(PM2.5)가 유입되는 경로와 원인을 세 가지로 분석했습니다. 해외 유입, 국내 대기 정체, 해외 유입과 국내 대기 정체의 조합입니다.

한 연구에 따르면 해외에서 미세먼지가 유입되지 않을 때 34㎍/m³이던 초미세먼지 농도는 미세먼지가 중국에서 유입됨에 따라 53㎍/m³로 증가했습니다. 그러나 국내 대기가 정체되면 농도는 더욱 높아져 72㎍/m³가 됐습니다. 이 결과는 우리에게 놀라운 사실을 알려줍니다. 국내 초미세먼지의 75퍼센트 이상이 2차 생성 미세먼지라는 것입니다.

2차 생성 미세먼지는 무엇일까요? 질소산화물NOx, 휘발성 유기화합물VOC, 암모니아 등의 화학물질이 대기 중에서 햇빛을 받아 화학반응을 일으켜 생성되는 미세먼지입니다. 질소산화물과 황산화물로부터 생성되는 질산암모늄, 황산암모늄 등도 포함됩니다.

이 물질들은 건강에 해롭고 환경에도 부정적입니다. 가시성을 떨어뜨리고, 스모그 현상을 일으키며, 숨 쉴 때 폐까지 들어와 호흡기 질환을 악화시키고 심장병에도 영향을 줄 수 있습니다.

중국에서 유입되는 미세먼지, 우리나라 화력발전소와 공장에서 배출하는 미세먼지, 그리고 2차 생성 초미세먼지가 합쳐져 고농도 미세먼지를 만들어 수도권의 초미세먼지 오염이 더욱 심각해집니다.

따라서 과학자들은 2차 생성 초미세먼지를 제대로 규명해야 문제 해결에 다가갈 수 있다고 주장합니다. 즉 전체 초미세먼지 중 상당한 비중을 차지하는 2차 생성 초미세먼지의 원인인 질소산화물, 황산화물, 휘발성 유기화합물 등을 함께 줄이는 복합적인 정책 방안이 필요합니다. 또한 미세먼지 배출량을 줄이는 기술뿐만 아니라 질소산화물, 암모니아, 휘발성 유기화합물의 농도를 낮추는 방안을 맞춤형으로 제안해야 문제 해결에 도움이 됩니다.

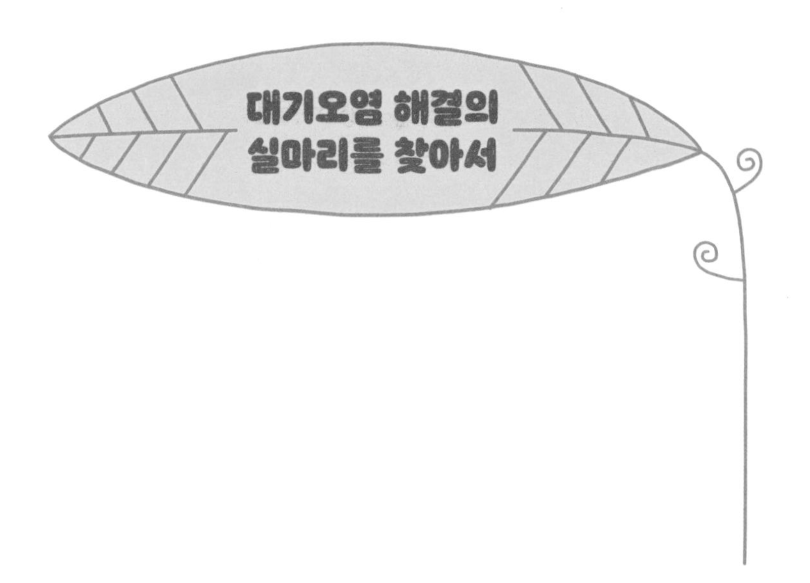

대기오염은 더 심각해졌을까

다른 나라와 마찬가지로 우리나라도 기후변화, 생태계 멸종, 대기오염, 쓰레기 등 많은 환경문제를 겪고 있습니다. 그중 가장 심각한 문제는 무엇일까요? 2019년 입소스코리아에서 실시한 조사에 따르면 우리나라 국민이 생각하는 가장 중요한 환경문제는 70퍼센트로 꼽힌 대기오염이었습니다. 그리고 쓰레기 처리(51퍼센트), 지구온난화와 기후변화(48퍼센트)가 뒤를 이었습니다. 세계적으로는 지구온난화와 기후변화(37퍼센트), 대기오염(35퍼센트), 쓰레기 처리(34퍼센트)가 모두 비슷한 수준으로 중요하다는 응답 결과가 나타났습니다. 그다음으로는 수질 오염, 삼림 벌목, 천연자원 고갈 등이 뒤를 이었습니다.

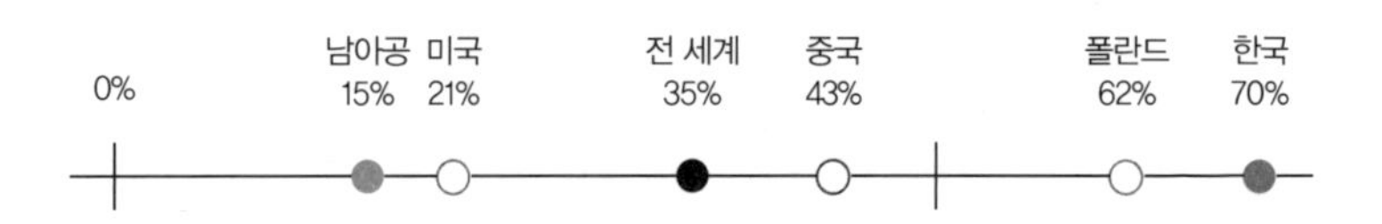

대기오염이 심각하다고 응답한 국민들의 비율. 출처: 입소스코리아 이슈리포트 제41호, '지구의 날: 환경문제 글로벌 조사', 2019

우리나라 국민들이 대기오염을 선택한 응답률은 미국을 비롯한 28개 국가 중 가장 높았습니다. 심지어 미세먼지 문제가 우리보다 심각하다고 생각되는 중국조차 우리나라보다 낮았습니다. 이는 우리나라 국민이 대기오염, 특히 미세먼지를 크게 우려한다는 의미입니다. 그렇다면 대기오염과 미세먼지 문제가 실제로 계속 심각해지고 있는지, 일반적인 생각이 정말 맞는지를 살펴봐야 할 것입니다.

놀랍게도 우리나라 대기는 좋아지고 있다

'놀랍게도 우리나라 대기는 좋아지고 있다'라는 주장이 꽤 흥미로워 보이지요? 일반적 인식과 달리 우리나라의 대표 도시 서울의 미세먼지는 꾸준히 개선되고 있습니다. 2000년대 초반과 비교하면 미세먼지와 초미세먼지 농도가 절반 이하로 줄어든 것이 증거입니다. 다음 그림은 2001~2022년의 20년간 서울에서 관측한 미세먼지 농도의 변화를 보여줍니다.

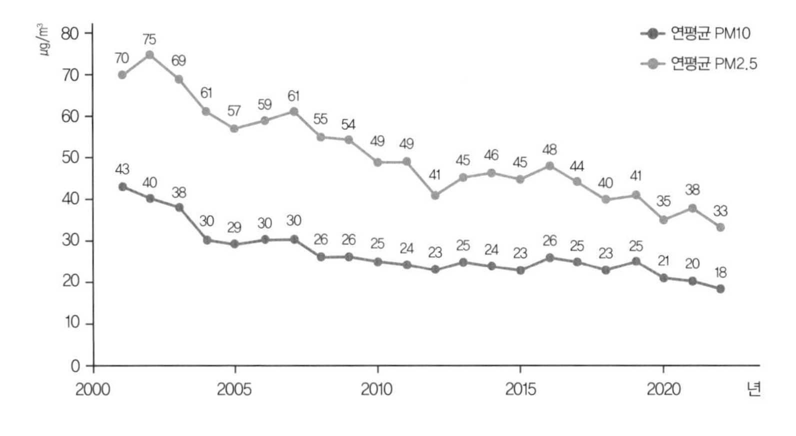

서울시 미세먼지·초미세먼지 농도 추이. 출처: 서울 대기 질 평가 보고서

특히 서울시는 1988년 서울올림픽이 열린 이후 대기 질을 개선하기 위해 다양하게 노력해왔습니다. 사업장의 대기오염 물질 배출 총량 제한, 보일러 등 열원의 청정연료 교체, 천연가스 버스 도입 등이 일례입니다. 끊임없는 노력의 결과, 규모가 큰 배출원에서 나오는 오염 물질이 줄면서 2010년대까지 의미 있는 개선을 이루어냈습니다.

미세먼지가 심각해 보이는 이유

그런데 우리는 어째서 미세먼지와 대기오염 문제가 계속 심각해지고 있다고 믿는 걸까요?

그 이유는 우리나라가 기성 선진국인 OECD 국가들과 비교되기

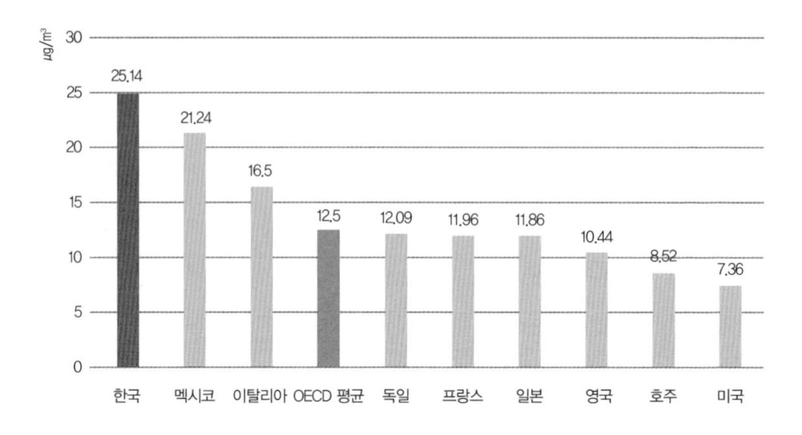

2017년 OECD 주요국의 초미세먼지 연평균 농도 ⓒ 에어비주얼

때문일 것입니다. OECD가 발표한 2017년 국가별 연평균 초미세먼지 농도 통계에 따르면 한국의 농도는 25.14㎍/m³로 회원국 중 가장 높습니다. OECD 회원국 평균 12.5㎍/m³의 두 배가 넘는 수치입니다. 일본은 물론 멕시코도 우리나라보다 낮습니다.

한편 글로벌 미세먼지 데이터 분석 업체 에어비주얼이 조사한 초미세먼지 농도가 높은 국가 순위에서 1위였던 방글라데시는 우리나라의 네 배, 12위였던 중국은 우리나라의 두 배를 기록했습니다.

우리나라는 이제 아시아 국가들이 아닌 OECD 국가 평균치를 목표로 삼고 있습니다. 그러나 2012년 이후 초미세먼지 농도의 감소 추세는 23~25㎍/m³ 수준에서 멈춰 있습니다. 그 이유는 무엇일까요?

원인은 여러 가지입니다. 우리나라는 인구밀도가 높고, 산업에서 제조업이 차지하는 비중이 높습니다. 공장의 산업 활동과 자동

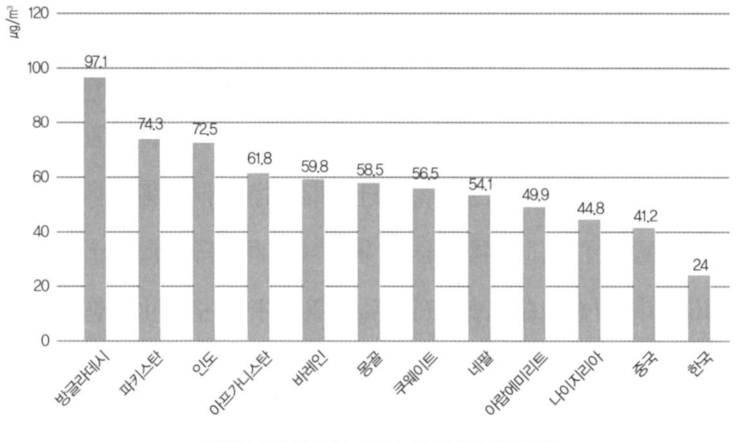

2018년 초미세먼지 농도가 높은 국가 © 에어비주얼

차 등으로 인해 미세먼지를 생성하는 화학물질이 계속 배출되고 있습니다. 또한 지리적으로 중국과 인접하여 중국에서 발생한 미세먼지의 영향도 받습니다.

소규모 발생원을 관리하기 어려운 것도 중요한 원인 중 하나입니다. 소규모 사업장, 음식점, 농가 등에서도 대기오염 물질을 많이 배출하지만, 이들을 모니터링하고 규제하는 데는 비용과 시간이 많이 들기 때문에 효과적으로 대응하기 어렵습니다.

대기오염을 해결하려면

미세먼지를 줄이기 위한 대책에는 자동차 운행 금지, 화석연료 사용 제한 외에도 여러 가지가 있습니다. 그중 무엇이 특히 효과적일까요? 모든 도시의 자동차 운행을 금지하거나, 화석연료 사용을 중단하거나, 모든 공장을 폐쇄하거나, 대중교통 이용을 강제하거나, 재생에너지 전환을 적극 추진하는 등 과감한 정책을 생각해볼 수도 있습니다. 그러나 현실적인 방안을 생각해야 합니다.

대기오염이 해결되더라도 자동차 운행과 화석연료 사용 금지 등에 따른 경제적 피해는 어떻게 해결해야 할까요? 모든 공장 운영과 차량 운행을 금지하거나 대중교통 이용을 강제하는 조치는 큰 경제적 피해를 가져올 수 있어서 시행하기 어렵습니다. 단기간 내에 실현할 수 없고, 사회적 합의를 이루기도 어렵습니다.

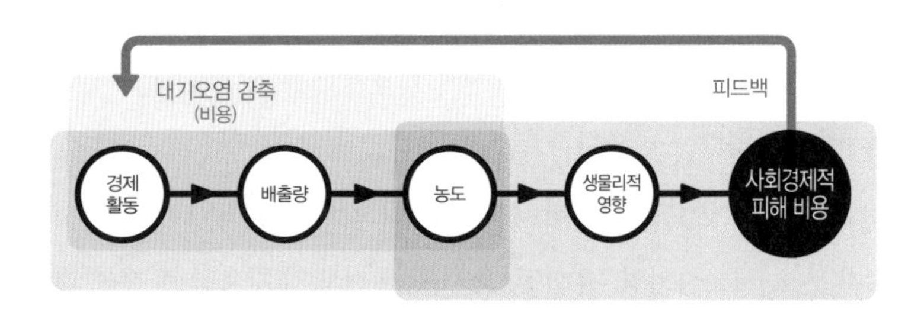

대기오염의 발생과 영향, 감축 모형

대기오염이 발생하는 과정은 위의 그림과 같이 요약할 수 있습니다. 제품이나 서비스를 생산하고 소비하는 경제활동을 위해서는 에너지가 필요합니다. 아직은 에너지 대부분을 화석연료로 생산하기 때문에 다양한 대기오염 물질이 배출됩니다. 서울 대기오염의 주요 원인은 건물과 교통 부문의 에너지 소비입니다.

배출된 오염 물질들은 사람의 호흡기와 심혈관계에 해를 끼치고, 기계나 건축물 등에도 영향을 미치며 사회경제적 피해를 줍니다. 피해를 인식한 시민들은 정부에 대책을 요구하기 마련이고, 정부 부처 등의 의사 결정자들은 대기오염을 감축하는 정책을 수립하고 시행합니다. 이때 대기오염 물질을 감축하기 위해서는 경제 활동을 규제해야 하는데, 여기에는 비용이 들어갑니다. 따라서 시행에 필요한 비용과 효과를 비교해서 경제적으로 가장 알맞은 정책을 선정해야 합니다.

대기오염에 따른 피해(건강 영향 등)를 예방하기 위해 정부는 해마다 수조 원의 예산을 투입하며 오염 물질을 줄이는 데 주력하고 있습니다. 예를 들어 '제2차 수도권 대기 환경 관리 기본 계획(2015년)'에서는 수도권 대기 질 개선을 위해 2020~2024년에 연평균 1조 6,647억 원을 투입한다고 발표했습니다.

많은 예산을 투입하는 정책을 펼 때는 경제적 타당성, 형평성, 지속 가능한 발전에 대한 기여도를 검토해야 합니다. 하지만 때로는 많은 정책이 개별적으로 검토되며, 비용 효과에 바탕을 둔 우선순위가 불분명한 경우가 많습니다.

유럽연합에서는 대기오염 감축 수단의 비용 효과를 분석하고 그 결과를 정책 수립의 과학적 근거로 활용하고 있습니다. 우리나라도 개별 대기오염 정책 수단의 비용 효과를 과학적으로 분석하고, 예상되는 감축량을 예산 배분의 우선순위를 정하는 기초 자료로 활용해야 합니다.

숨쉬기 좋은 공간을 위하여

미세먼지와 대기오염이라는 위협을 줄이기 위해 서울시는 전기자동차 보급부터 경유차 퇴출, 그리고 도시 숲 조성까지 다양한 정책을 펼치고 있습니다. 이 각각의 정책은 얼마나 효과가 있을까요? 서울연구원의 연구 보고서에 따르면 서울시의 대기오염 저감 예산은 자동차로 인한 오염을 줄이기 위한 프로젝트에 집중되어 있습니다. 이 프로젝트들은 오염 감소 효과가 다양하며, 그 결과도 시간이 지나야 명확해집니다.

2011~2019년 데이터를 살펴보면 미세먼지와 질소산화물 오염을 줄이는 데 가장 큰 효과를 나타낸 것은 디젤자동차 배출가스 관리와 청정연료 사용입니다. 직접적인 미세먼지 배출 감소 분야에서는 자동차에 관한 조치로 10억 원을 투자할 때마다 약 19.5톤의 미세먼지를 줄였습니다. 교통 수요를 줄이고 비非도로 이동 오염원을 관리하는 프로젝트도 효과적이었죠. 반면 친환경차 보급이나 도시 숲 조성 같은 프로젝트들은 예산 대비 효과가 적었습니다. 이 프로젝트들의 비용 대비 효과성이 낮을지라도 보다 장기적인 관점에서 바라볼 필요가 있고, 대기오염 감축이라는 목표는 분명 가치가 큽니다.

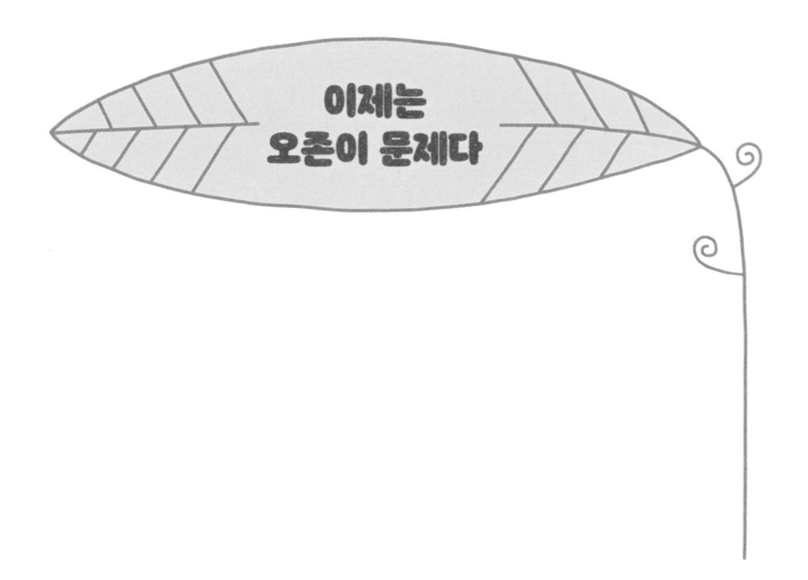

엎친 데 덮친 격?

현재 우리나라의 미세먼지 농도가 20년 전의 절반 수준이라니 어느 정도 안심해도 되지 않을까요? 앞으로 내연기관 자동차가 줄어들고 전기자동차가 많아지면 공기가 더 좋아지지 않을까요?

봄철에 심하던 미세먼지가 어느 정도 지나가고 여름철이 되면 새로운 걱정거리가 생깁니다. 기온이 높아지고 햇살이 강해지면 오존 농도가 높아지기 때문입니다. 가끔씩 뉴스에서도 오존 주의보가 내려졌다는 말을 접할 수 있습니다.

오존O_3은 산소 원자 세 개로 구성된 기체입니다. 오존은 성층권의 오존과 지표 근처의 오존으로 나뉩니다. 성층권의 오존은 태양과 우주에서 오는 해로운 단파장 자외선을 막아주는 역할을 합니다. 그래서 오존 덕택에 다른 행성과 달리 지구에 생명체가 존재할 수 있었다는 학설도 있습니다.

하지만 지표 근처 대류권의 오존은 인간에게 악영향을 미치는 오염 물질입니다. 오존은 무엇보다 호흡기 점막을 자극해 기관지 천식, 만성 기관지염 등의 증상을 악화시킬 수 있습니다.

실제로 오존 농도 0.1~0.3ppm에서 한 시간만 노출돼도 호흡기 자극과 기침, 눈 자극 증상이 나타납니다. 오존은 마스크로 막을 수 없어서 미세먼지보다도 위험합니다. 그래서 오존 농도가 높은 날에는 주의보를 발령합니다.

여름에 오존 주의보가 많아지는 이유

여름철에 오존 주의보가 많아지는 이유는 햇빛이 강하기 때문입니다. 오존은 햇빛에 의해 생성되는 2차 오염 물질입니다. 특히 도시 지역 자동차 배기가스나 공장에서 배출하는 이산화질소와 휘발성 유기화합물이 대기 중에서 광화학반응을 일으켜 활발하게 생성됩니다.

오존으로 인한 오염을 막는 정책이 효과를 거두기 어려운 이유는 오존이 대기 중에서 생성되는 2차 오염 물질이기 때문입니다. 오염원에서 직접 배출되는 질소산화물 같은 1차 오염 물질을 막기 위해서는 자동차, 공장 굴뚝 등에 제거 장치를 설치하면 됩니다.

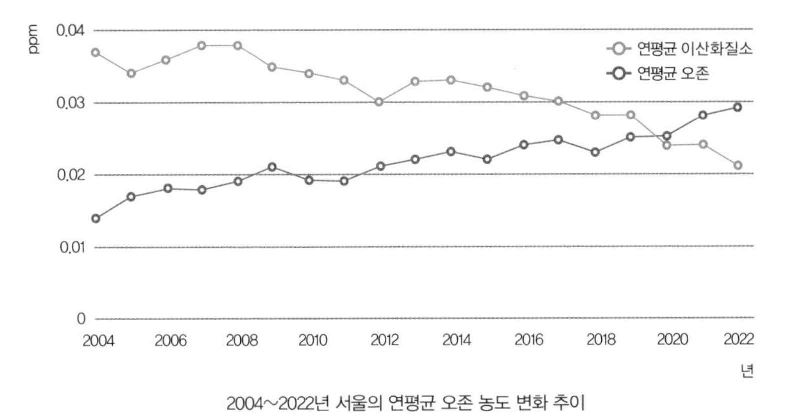

2004~2022년 서울의 연평균 오존 농도 변화 추이

반면 오존과 초미세먼지는 오염 물질을 재료로 대기 중에서 2차로 생성되기 때문에 막기가 어렵습니다.

국립환경과학원의 2022년 보고서 〈기후변화와 오존〉에 따르면 전국 연평균 오존 농도는 지속적으로 증가하고 있습니다. 2001~2021년 서울, 인천, 부산 등 주요 도시의 일 최고 기온과 일 최고 오존 농도가 꾸준히 증가했고, 최근 약 10년 동안 인천의 오존 농도도 2010년 0.021ppm에서 2021년 0.032ppm으로 증가했습니다. 2022년 서울의 연평균 오존 농도는 0.029ppm을 기록하였으며, 장기적으로 꾸준히 증가하고 있습니다. 같은 기간 동안 오존으로 인해 나타난 전국의 초과 사망자도 1,248명에서 2,890명으로 두 배 이상 증가했다고 추정됩니다.

기후변화에 따라 온도, 습도, 자외선 복사 강도가 변하여 오존이 많이 생성되므로 미래에는 피해가 더욱 증가할 것이라고 IPCC는 내다보고 있습니다.

오존 주의보의 단계

오존 경보는 3단계로 발령합니다. 대기 중 오존 농도가 0.12ppm 이상이 되면 오존 주의보, 0.3ppm 이상이면 오존 경보, 0.5ppm 이상이면 중대 경보를 발령합니다. 햇볕이 강하고 바람이 없을 때 오존 농도가 높아지므로 6월 이후 여름철에 오존 주의보가 자주 발령됩니다. 지금까지 우리나라에서 경보나 중대 경보를 발령한 적은 없습니다.

2023년 경기도에서는 오존 주의보가 37일간 발령됐다고 합니다. 2019~2023년 동안 연평균 31일 발령되었고, 최근 5년 사이 약간 낮아졌던 발령 일수가 2023년에 다시 늘어났습니다. 특히 첫 발령 일자가 3월 22일로, 오존 경보제가 도입된 1997년 이후 가장 빨랐습니다. 그간 가장 빨랐던 2018년의 4월 19일보다도 한 달 가까이 이른 것입니다.

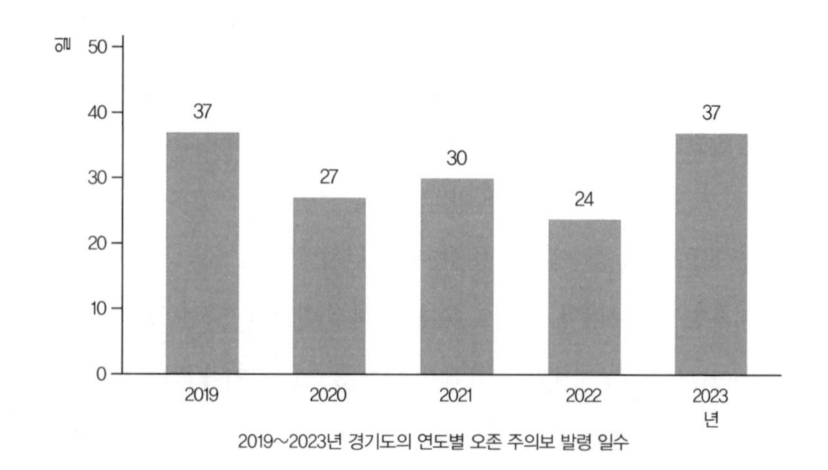

2019~2023년 경기도의 연도별 오존 주의보 발령 일수

오존 농도를 낮추는 방법

오존 농도 상승은 인간의 건강에 직접적인 영향을 미칩니다. 따라서 이를 효과적으로 방지하고 관리하는 것이 지속 가능한 미래를 위해 중요합니다. 심지어 일부 전문가는 자동차 운행을 금지해야 한다고 주장하기도 합니다.

오존 생성의 원인 물질은 질소산화물과 휘발성 유기화합물입니다. 따라서 오존 생성을 막으려면 먼저 원인 물질의 배출량을 줄여야 합니다. 질소산화물과 휘발성 유기화합물 배출 감축을 위해 펼칠 수 있는 정책은 다음과 같습니다.

- 자동차 배출가스 규제 강화
- 발전소, 공장 등의 대기오염 물질 배출 규제 강화
- 휘발성 유기화합물 사용량 감축

숲에 들어가면 느껴지는 청량감이 나무에서 나오는 피톤치드라는 물질 덕택이라는 이야기를 들어보셨나요? 피톤치드는 숲에서 나오는 천연 휘발성 유기화합물로, 인체에 유익하다고 알려져 있습니다. 항균, 냄새 제거, 방충 효과가 있어 일부 업체에서는 이것이 새집증후군을 제거하는 효과가 있다고 광고합니다. 피톤치드는 특히 여름에 숲에서 많이 배출된다고 합니다. 그런데 피톤치드가 오존의 원인 물질이라고 하면 믿어지시나요?

연구에 따르면 숲에서 나오는 휘발성 유기물질인 생물 기원 유기화합물biogenic VOCs, BVOCs이 광화학 오존 생성에 중요한 역할을 합니다. 산림 등이 배출하는 BVOCs도 유해 VOCs와 마찬가지로 오존과 초미세먼지를 2차 생성하는 원인 물질이라는 뜻입니다. 도심 지역에서는 1차 배출된 질소산화물 같은 오염 물질의 농도가 높은데, 여기에 숲에서 배출되는 BVOCs가 더해지면 고농도 오존이 생성되는 데 기여합니다. 우리나라는 대부분의 도심 지역이 산지로 둘러싸여 있어서 환경이 좋다고 인식되는데, 숲에서 나오는 VOCs가 고농도 오존을 만든다니 아이러니합니다.

인위적으로 배출되는 VOCs 오염원만 고려하여 오존 농도를 예측하면 결과가 실제 농도보다 낮은 이유는 BVOCs 농도를 고려하지 않았기 때문입니다. 정확히 파악하기 어려운 도심의 BVOCs 배출량을 고려하지 않으면 오존을 줄일 정책을 제대로 수립할 수 없습니다.

그럼 실제로 오존 농도 상승을 억제할 수 있을까요? 답은 아직 명확하지 않지만 다양한 방안이 제시되고 있습니다. 가장 직접적인 방안은 우선 화석연료 사용을 줄이는 것입니다. 이와 함께 재생가능 에너지 사용을 늘리면 시간이 지나며 오존 원인 물질인 질소산화물 농도가 낮아질 것입니다.

하지만 질소산화물과 휘발성 유기화합물과 관련하여 오존이 생성되는 복잡한 과정을 생각하면 우리나라의 오존 농도를 단기간에 낮출 수 있을지 의문이 듭니다. 특히 우리나라의 오존 농도가 지속적으로 높아지는 이유는 VOCs 때문인데, 경제활동을 하면서 인위적으로 농도를 낮추기는 매우 어렵습니다. 경제적 부담을 안고 무리해서 VOCs 배출량을 줄인다고 해도, 숲에서 나오는 BVOCs까지 줄일 수 있을까요.

오존은 장기적으로 해결해야 하는 문제이므로 환경과 경제의 균형을 고려하여 대책을 마련해야 합니다. 필요한 비용과 실제 효과를 잘 고려해서 정책을 정하고 실행해야 합니다.

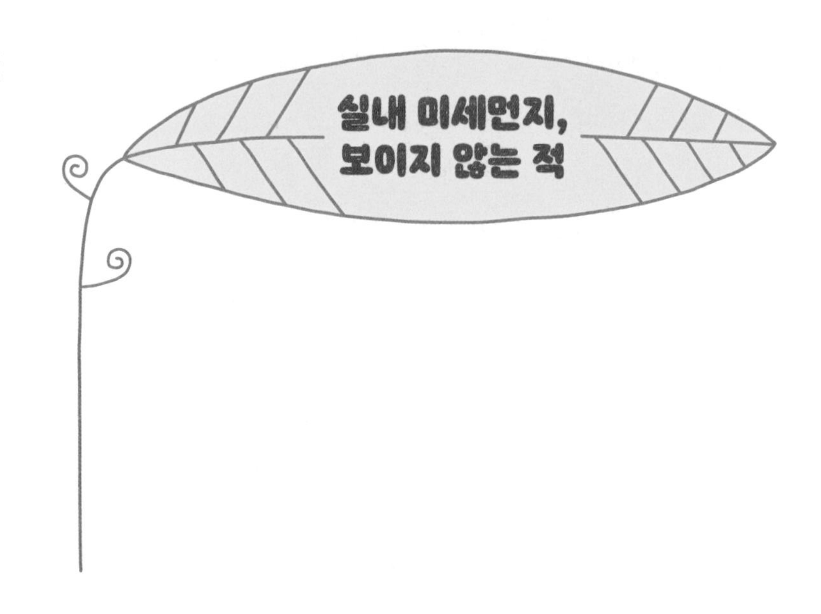

고등어가 공기를 오염시킨다?

2016년 5월 우리나라에서는 고등어구이를 둘러싸고 난데없는 논란이 일었습니다. 환경부에서 보도자료를 내놓았는데 제목이 "요리할 때는 꼭 창문을 열고 환기하세요!"였습니다. 여기까지는 논란이 될 만하다고 볼 수 없지요. 주요 내용은 실내에서 생선이나 고기를 구울 때 미세먼지가 발생하고, 그중 고등어에서 오염 물질이 가장 많이 나온다는 것이었습니다. 밀폐된 주방에서 요리한 결과 고등어(2,290μg/m^3), 삼겹살(1,360μg/m^3) 등의 미세먼지가 모두 대기 미세먼지 '주의보' 기준을 초과했다고 합니다.

언론은 '정부가 미세먼지를 고등어 탓으로 돌렸다'라며 고등어구이를 주범으로 왜곡한 비현실적 대책을 잇달아 비판했습니다. 한편 어민들은 미세먼지의 주범으로 몰린 고등어의 소비가 줄고 가격이 내려갔다면서 강력하게 항의했습니다. 상황이 악화하자 결국 환경부는 '고등어구이는 실내 미세먼지의 주범이 아니다'라고 해명하고, 환기를 잘해야 한다는 취지였다며 진화에 나섰습니다.

그런데 고등어를 실내에서 구우면 미세먼지가 많이 발생하는 것은 사실입니다. 당시 환경부가 발표한 '실내 미세먼지 조사'에 따르면 밀폐된 공간에서 고등어를 구우면 1세제곱미터당 2,530㎍의 미세먼지(PM10)가 나왔고, 초미세먼지(PM2.5)도 1세제곱미터당 2,290㎍이나 됐습니다. 실외 미세먼지 농도의 '나쁨' 등급이 1세제곱미터당 81㎍ 이상이니, 집 안에서 고등어를 구우면 미세먼지 '나쁜' 날 농도의 30배에 이르는 미세먼지에 노출되는 셈입니다.

고등어나 삼겹살을 굽거나 조리하는 과정에서는 미세먼지와 질소산화물 등 여러 오염 물질이 발생합니다. 생선구이뿐만 아니라 조리에 사용하는 가스에서도 오염 물질이 발생합니다. 이들은 조리하는 음식의 냄새, 연기, 기름 분사 등의 형태로 발생합니다. 특히 유지나 오일을 사용하는 요리에서는 기름 연기가 실내 미세먼지가 됩니다.

우리나라의 주택은 대부분 주방과 거실, 방이 연결되어 있기 때문에 조리 과정에서 발생하는 오염과 미세먼지가 집 안 전체에 퍼지기 쉽습니다.

가스레인지를 사용하지 말라고?

2023년 초 미국에서는 뜻밖의 소식이 전해졌습니다. 미국 소비자제품안전위원회가 가스레인지 사용 또는 제조를 금지하는 방안을 검토한다는 것이었습니다. 미국은 이미 대부분의 가정이 인덕션이라고도 부르는 전기레인지를 사용하고, 약 35퍼센트의 가정에서만 가스레인지를 사용합니다. 그런데 왜 가스레인지를 퇴출하려는 것일까요?

그 이유는 가스레인지에서 나오는 이산화질소, 일산화탄소, 미세먼지 등이 암, 호흡기 질환, 심혈관 질환을 일으킬 수 있기 때문입니다. 미국화학협회는 가스레인지에서 질소산화물이 대량 방출된다는 실험 결과를 바탕으로 소비자에게 전기레인지를 구매하도록 촉구하는 성명을 발표했습니다.

우리나라 여성 폐암 환자의 약 87.5퍼센트는 비흡연자로 알려져 있습니다. 남성 폐암 환자는 70퍼센트가 흡연자인 반면, 담배를 피우지 않는 많은 여성이 폐암에 걸리는 상황이 벌어지고 있습니다. 전문가들은 그 이유가 가스레인지를 사용하는 주방 문화와 밀접하다고 보고 있습니다.

가스레인지에는 어떤 문제점이 있을까요? 우선 일산화탄소CO가 발생합니다. 도시가스의 주성분은 메탄인데, 연소 시 산소가 충분하지 않으면 일산화탄소가 생성됩니다. 공기 중에 산소가 많기 때문에 당연히 이산화탄소가 생성될 듯하지만, 실제로는 산소가 불

충분한 일부 상황에서 미량이지만 일산화탄소가 발생합니다.

다음은 이산화질소 발생입니다. 대략 800~1,300℃의 높은 가스 불 온도에서는 산소와 질소가 화학반응하여 이산화질소가 형성됩니다. 평소 정부가 실외 대기 질을 관리할 때 주요 지표로 삼는 것이 이산화질소입니다. 호흡기 계통에 문제를 일으키기 때문입니다. 가스레인지를 사용하면 일산화탄소와 이산화질소가 발생하기 때문에 미국, 특히 뉴욕주와 캘리포니아주에서 아예 사용을 금지하는 법을 제정하려고 했습니다.

하지만 가스레인지 사용 금지에 대한 반발도 만만치 않았습니다. 특히 주로 가스레인지로 요리를 해온 레스토랑 등이 협회를 통해 강력히 반발했습니다. 이들이 미국 연방 순회법원에 소송을 제기했고, 항소심에서 법원이 협회 측에 승소 판결을 내리고 퇴출을 중지시켰습니다. 2021년의 1심 판결을 뒤집은 2023년 판결문에는 "가스레인지 금지 조치는 연방법인 미국 에너지 정책 보존법EPCA에 위배된다"라는 결론이 쓰여 있습니다.

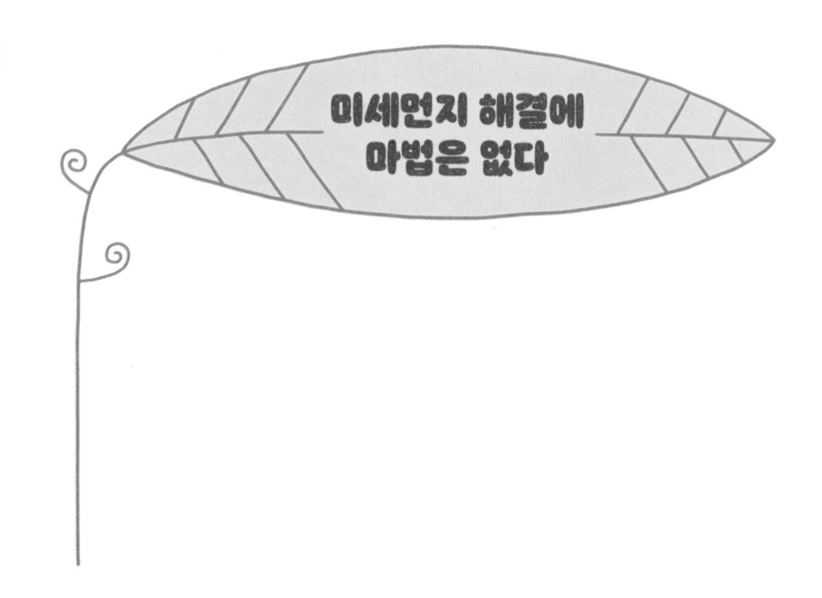

초대형 공기청정기의 효과

2017년부터 언론에 '60미터 공기청정 탑으로 미세먼지 타파?' 등의 내용이 몇 차례 보도돼서 사람들의 관심을 끌었습니다.

중국 시안에 60미터 높이의 초대형 공기청정기가 등장했다는 내용이었습니다. 중국어 이름은 '추마이타(除霾塔, 스모그 제거 탑)'라고 합니다. 홍콩 일간지 《사우스차이나 모닝 포스트South China Morning Post》는 가동을 시작한 공기청정기 중 세계에서 가장 크다고 보도했습니다.

이 스모그 제거 탑은 하루에 500만 세제곱미터의 공기를 처리하고, 필터 효율은 80퍼센트입니다. 처리하는 공기에 포함된 미세먼지 중 80퍼센트를 걸러낼 수 있다는 뜻입니다. 한 대당 1초에

중국 시안에 건설된 60미터 높이의 공기청정기
© Wikimedia Commons

46세제곱미터만큼의 공기를 정화할 수 있는 성능입니다. 하부로 들어간 공기가 탑에 있는 필터를 통과하면서 먼지가 제거됩니다. 탑 한 개를 설치하는 데 22억 원 정도가 들고 축구장 절반에 달하는 면적이 필요하기 때문에 도심에 많이 설치하기는 어렵습니다.

그럼 이 공기 정화 탑으로 서울 공기도 정화할 수 있을까요? 얼마나 많은 공기를 깨끗하게 만들 수 있을까요?

2019년 우리나라 대기환경학회의 학회지에 관련 논문이 실렸습니다. 〈외부에서 도시 공간으로 유입된 고농도 미세먼지 저감을 위한 공기 정화 탑과 차량 부착 정화 장치의 효과 추정〉이란 논문의 결론은 서울 공기를 10퍼센트 정화하기 위해서는 시안에 설치된 규모의 정화 탑이 최소한 27만 대가 필요하다는 것이었습니다.

현실적으로 불가능한 해결책입니다.

2019년 환경부는 미세먼지 대책 브리핑에서 고농도 미세먼지 긴급 조치를 강화하는 방안으로 공기 정화 탑 설치와 인공강우 등을 추진하겠다고 밝혔습니다. 학교, 병원, 건물 옥상 등 도심 유휴 공간에 '실외 공기청정기'를 설치하는 '한국형 정화기' 사업 계획입니다.

한국형 정화기 사업의 효과를 예측하기 위해, 서울시에 시안의 공기 정화 탑 1만 대를 설치했다고 가정하고 효과를 따져본 연구 결과가 있습니다. 낮은 층에 먼지가 모이는 야간에 바람이 초속 0.5미터로 약하게 부는 '야간 약풍' 상태에서는 미세먼지 유입 농도의 21.6퍼센트를 제거할 수 있는 반면, 보통 풍속으로 바람이 불 때는 유입되는 먼지의 0.04퍼센트만 제거할 수 있다고 합니다. 정화 탑 1만 개를 설치해도 평소에는 거의 효과가 없다는 의미입니다.

인공강우의 효과

인공강우는 구름에 인공 물질을 도입하여 비나 눈이 내리도록 하는 방법입니다. 구름 씨 뿌리기로도 알려진 인공강우는 물 공급을 늘리고 가뭄을 완화하기 위해 사용합니다. 비가 오면 미세먼지가 줄어들 수 있으므로, 단순하게 생각하면 공기 중 미세먼지를 제거하는 데도 사용할 수 있을 듯합니다.

과학자들은 항공 실험을 통해 구름에 요오드화은이나 드라이아이스 같은 '구름 씨앗'을 뿌리면 구름 방울이 커져 빗방울이나 얼음 결정이 되는 과정을 1940년대부터 연구해왔습니다. '구름씨 뿌리기'라고 하는 이 원리로 비나 눈이 내리도록 하는 것이 '인공강우'입니다. 빗방울이 떨어지면 표면에 수십, 수백 개의 미세먼지(에어로졸) 입자가 모일 수 있습니다. 이처럼 물방울과 미세먼지가 결합하는 과정을 응고coagulation라고 합니다. 이 과정에서 미세먼지가 제거되어 공기를 맑게 할 수 있다는 주장이 제기되었습니다.

2019년 개최된 국회 토론회에서 세계적 기상 조절 전문가인 미국 국립대기연구센터의 로로프 브린체스Roelof Bruintjes 박사는 인공강우가 미세먼지를 효과적으로 제거할 수 있는 방법이라고 언급했습니다. 한편 강수가 에어로졸을 세정하는 효과에 관한 논문이 국내외에서 여러 편 발표되었습니다. 일부 논문에 따르면 시간당 1밀리미터의 약한 강수도 세정 효과가 있었습니다.

2010년대부터 중국, 인도, 타이 등에서 대기오염을 줄이기 위해 인공강우 실험을 했다는 외신 보도가 나왔지만, 현재까지는 객관적이고 유의미한 실험 결과 보고서나 논문은 찾을 수 없었습니다.

날씨에 따라 미세먼지 농도가 낮아지는 효과를 연구한 중국 연구진에 의하면 호우 이상의 강한 비에서는 미세먼지가 크게 적어졌지만, 약한 비에서는 미세먼지가 거의 줄지 않았다고 합니다. 그리고 미세먼지가 비에 씻겨 없어지기보다는 대부분이 강한 바람에 날려 없어졌다고 결론 내렸습니다.

우리나라는 미세먼지 농도가 높은 날은 고기압의 영향 아래 있고 구름이 거의 없어서 기상 조건이 인공강우에 불리합니다.

대기오염과의 싸움에는 지름길이 없다

이처럼 미세먼지를 없애는 신기술에는 초대형 공기청정기 타워나 인공강우도 있지만 효과나 실현 가능성이 희박합니다.

따라서 정부가 실천해야 할 근본적 조치는 이제까지 추진한 배출 기준 강화, 규제 강화, 대중교통 인프라 개선 등입니다. 비용이 많이 들고 이해관계가 충돌해서 해결하기 어렵고 논란이 일기도 합니다. 하지만 미세먼지 해결에는 비책이 없습니다.

환경부는 '제3차 대기 환경 개선 종합 계획'을 발표하면서 2032년까지 초미세먼지 평균 농도를 12㎍/m^3로 줄이고, 오존 농도의 환경 기준 달성률을 50퍼센트까지 끌어올리겠다고 밝혔습니다. 그 일환으로 초미세먼지와 오존 등의 대기오염 물질을 줄이기 위한 다양한 환경 정책, 즉 자동차와 공장, 건설 현장의 오염 물질 배출 감축부터 전기자동차 보급 확대 등을 시행할 계획입니다.

WHO가 2021년 초미세먼지의 연평균 기준을 기존 10㎍에서 5㎍로 강화했기 때문에 이에 부합하는 대책이 어느 때보다 중요해졌습니다. 특별한 대책을 시행하지 않으면 WHO의 권고 기준을 2050년까지도 만족하기 어려울 것이라는 우려도 제기되었습니다.

희망적인 소식은 지난 20년간 우리나라가 시행한 대기오염 저감 정책이 서서히 효과를 보이기 시작했다는 것입니다. 2020년까지 멈춰 있는 듯했던 연평균 초미세먼지 농도도 아직 OECD 평균에 미치지는 못하지만 감소하는 추세로 바뀌었습니다. 전기자동차 보급 확대와 화력발전소 가동 감소 때문에 앞으로 계속 나아질 듯합니다.

우리나라 미세먼지 문제에 큰 영향을 미치는 중국 상황은 어떨까요? NASA에 따르면 중국의 연평균 초미세먼지 농도는 최근 10년 사이에 60㎍/m³에서 33.3㎍/m³로 크게 낮아졌습니다. 이는 중국 정부의 환경 정책과 기술 발전 덕분으로, 석탄 화력발전소의 굴뚝 개조에 보조금을 지원하는 정책 등이 큰 역할을 했다고 합니다. 중국의 미세먼지 수준이 개선되면 우리나라에 유입되는 대기오염 물질도 줄어들 것입니다.

대기오염과의 싸움은 아직 끝나지 않았지만, 지금까지의 진전을 보면 긍정적인 변화를 기대할 수 있을 것입니다.

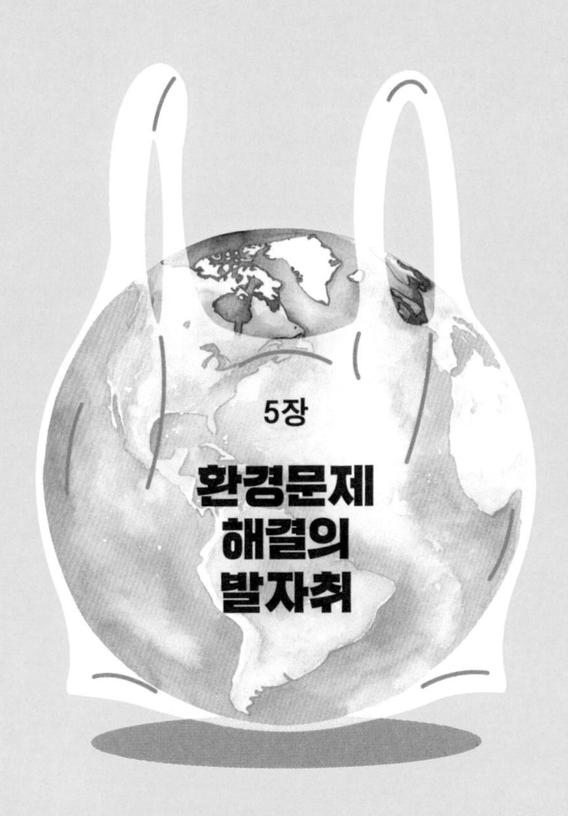

5장

환경문제 해결의 발자취

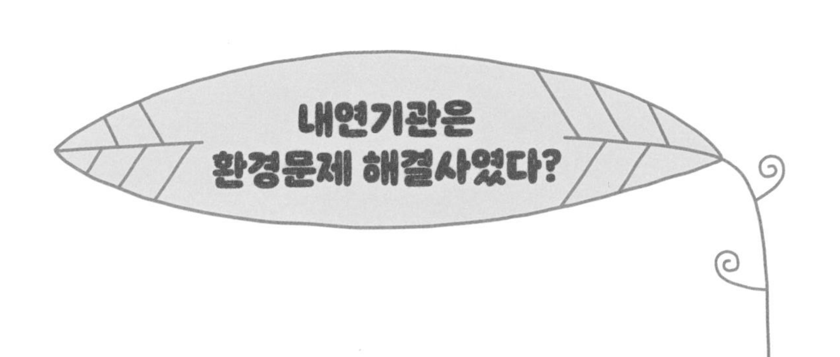

말똥이 위협한 도시 환경

20세기 초만 해도 미국 뉴욕 맨해튼의 거리에는 수많은 말이 달리고 있었습니다. 당시 말은 뉴욕을 비롯한 대도시의 주요 이동 수단이었죠. 짐을 나르는 마차부터 승객을 실은 운송 수단까지, 수천 마리의 말이 거리를 가득 메웠습니다. 뉴욕에서는 전차가 보급되기 전까지 여덟 마리의 말이 끄는 트램이 이동의 중심이었고, 영국 런던에서는 큰 말 열두 마리가 끄는 이층버스가 현재의 빨간 이층버스처럼 거리를 활보했습니다.

마차를 운행하기 위해서는 적어도 세 마리의 말이 필요했고, 이들은 몇 킬로미터마다 휴식을 취하며 기력을 회복해야 했습니다. 도시가 커지면서 말의 수는 늘어만 갔고, 그에 따라 말똥 문제도 심각해졌습니다. 하루에 한 마리당 약 10킬로그램의 말똥이 발생했으니 그 양이 얼마나 될지 상상만으로도 끔찍합니다.

1890년대 뉴욕에서는 '말똥 대위기'가 발생하기도 했습니다. 당시 소도시에서 한 해 동안 발생한 말똥의 양은 축구장에 30미터 높이로 쌓일 정도였다고 합니다. 사람들은 미래가 말똥으로 가득 찰 것을 우려했고, 정책 입안자들은 이 문제의 해결책을 찾지 못했습니다. 말은 당시 운송의 필수 요소였기 때문에 제한할 방법이 없었죠.

환경문제 해결의 아이러니

말똥 문제를 두고 골머리를 앓던 중 예상 밖의 해결책이 나타났습니다. 바로 내연기관 자동차였습니다. 1908년 헨리 포드가 선보인 '모델 T'는 단숨에 시장을 사로잡았습니다. 그로부터 4년 후 뉴욕의 거리는 마차보다 자동차가 더 많아졌고, 이어서 5년 후에는 뉴욕의 마지막 말 트램이 역사 속으로 사라지며 '말똥 대위기'에 마침표를 찍었습니다. 1913년 뉴욕 거리는, 마차로 가득했던 10년 전과 달리 자동차로 가득 찬 상태로 변모했습니다.

내연기관이라는 혁신적 기술이 수천 년간 인류의 주요 이동 수단이었던 말을 빠르게 대체했습니다. 비싼 말을 구하고 이를 위해 넓은 초원에서 건초를 생산하는 등의 비경제적 활동이 자동차 덕

1901년(왼쪽)과 1913년(오른쪽)의 뉴욕 맨해튼 거리. 출처: 왼쪽 George Bain Collection, 오른쪽 U.S. National Archives

분에 급격히 줄어들었죠.

20세기 초에는 많은 사람이 미래의 거리가 말똥으로 가득 찰 것이라고 예상했으나, 말이 줄면서 자연스레 말똥 문제도 사라졌습니다. 이처럼 내연기관 자동차는 말똥으로 인한 환경문제와 그 해결 과정에서 의외의 긍정적 역할을 했습니다.

하지만 이 새로운 이동 수단도 사람들에게 예상치 못한 대가를 치르게 했습니다. 바로 배기가스가 새로운 환경오염의 주범으로 떠오른 것입니다. 도시 곳곳에서 대기오염이 심각한 문제가 되며 사람들의 건강을 위협하기 시작했습니다.

시간이 흐르자 문제의 해결책 중 하나로 전기자동차가 등장했습니다. 내연기관 자동차가 등장한 지 13년 만에 말을 밀어냈듯, 전기차는 내연기관 자동차의 자리를 차지할 준비를 하고 있습니다. 오염 문제를 해결할 희망처럼 보이지만, 전기차가 과연 궁극적인 해답이 될까요? 오히려 전기차 배터리를 생산하고 폐기하는 과정에서 새로운 환경문제들이 나타날 수 있지 않을까요? 최근에는 전기차 배터리 화재 사건으로 전기차와 배터리를 더 안전하게 생산하고 관리하는 방법이 고민되고 있습니다.

이처럼 한 환경문제의 해결책이 다른 환경문제를 불러일으키는 아이러니한 경우가 많습니다. 이 문제들을 깊이 이해하고 지속가능한 해결책을 모색하기 위해서는 연구와 대책 마련이 절실합니다.

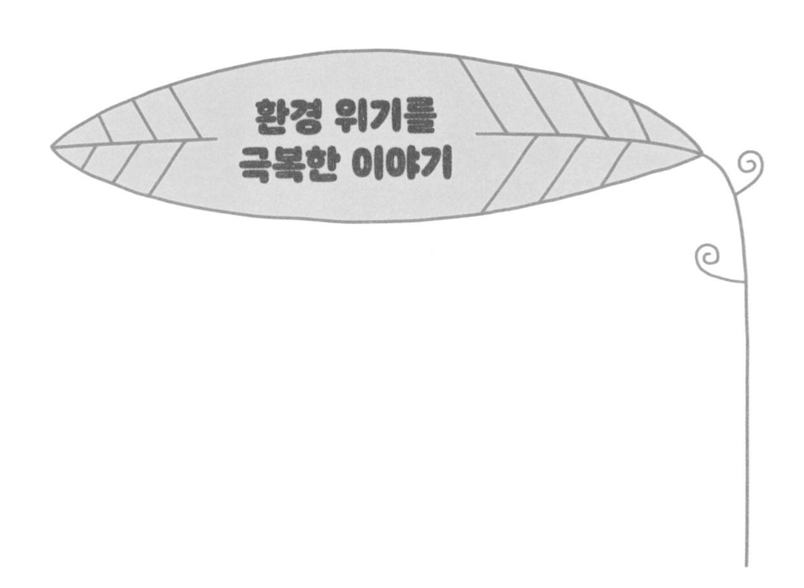

현대사회에서 기후변화는 단순한 이슈를 넘어서 경제와 정치, 개인적 · 사회적 가치관에 이르는 광범위한 영역에 영향을 미칩니다. 이 문제는 무척 복잡해서 해결책을 찾기가 어려우므로 전 세계적 노력과 협력이 필요합니다. 이런 어려움에서도 과거 환경 위기를 극복했던 경험을 되새기면 희망의 실마리를 찾을 수 있을 것입니다.

산성비

산성비는 대기 중의 황산화물SO_x과 질소산화물NO_x이 비에 녹아서 발생합니다. 이들 화학물질은 주로 화석연료가 연소하는 과정에서 발생합니다. 산업 활동, 발전소 가동, 자동차 배기가스 등이 주된 원인이지요.

산성비가 내린 호수와 강은 산성도가 높아져 물고기와 수생 식물이 살기 어려운 환경이 됩니다. 또한 산성비는 숲의 나무를 질병과 해충에 취약하게 만들어 생태계 균형을 파괴합니다.

1980년대에 산성비 문제가 크게 부각되자 여러 나라에서 해결을 위해 조치를 취하기 시작했습니다. 예를 들면 황산화물과 질소산화물의 배출량을 줄이기 위한 배출 기준 강화 등이었습니다. 이러한 노력으로 일부 지역에서는 산성비 문제가 완화되었으나, 지금도 세계적으로 중요한 환경문제 중 하나로 남아 있습니다.

우리나라에서는 산성비가 특히 1990년대에 주목을 받았습니다. '비 맞으면 머리카락이 많이 빠진다'라는 말이 유행할 정도였죠. 산성비가 탈모의 원인이 될 수 있다는 미신은 사실과 거리가 멉니다. 산성비의 pH 수치는 약 5.67로 피부의 산성도와 크게 다르지 않아서 탈모를 유발할 정도는 아닙니다.

요즘은 산성비에 관한 이야기가 잘 들려오지 않습니다. 현재 산성비에 관한 언론 기사가 적은 이유는 국제적 협력 덕분에 문제가 크게 개선되었기 때문입니다. 화석연료 사용 억제 정책이 효과를 거두면서 유럽과 북아메리카, 일본은 물론이고 우리나라에서도 산성비 문제가 크게 줄었습니다. 이러한 변화는 환경문제에 대응하는 인간의 능력을 보여주는 모범 사례입니다. 물론 아직 해결해야 할 과제는 남아 있습니다. 특히 아시아의 일부 지역에서는 산성비 문제가 여전하죠.

오존층 파괴

지구를 감싸고 자외선의 습격을 막아주는 보호막인 오존층이 파괴되는 현상도 1980년대에 전 세계적 문제로 급부상했습니다. 1985년 영국 남극조사단BAS의 과학자들이 남극 상공의 오존층에 거대한 구멍이 형성되어 점점 넓어지고 있다는 충격적인 사실을 세상에 알렸습니다. 구멍이 확대되는 이유는 프레온 가스(염화불화탄소CFC) 같은 화학물질 때문이었습니다.

프레온 가스는 20세기 중반부터 다양한 산업에서 광범위하게 사용되었습니다. 사용 분야는 냉장고나 에어컨의 냉매, 폴리우레탄 폼 같은 단열재 발포 플라스틱, 전자 산업에서 회로 기판을 세정하는 용제, 그리고 헤어스프레이 등으로 다양했습니다. 대기 중으로 방출된 프레온은 성층권까지 올라가 오존 분자와 반응하여 오존층을 파괴하는 주요 원인이 되었습니다.

오존층은 태양에서 오는 자외선으로부터 지구 생명체를 보호하는 중요한 역할을 합니다. 오존층이 손상되면 피부암, 백내장 등의 건강 문제를 일으키고 생태계에 영향을 줄 수 있다는 논란은 현재의 기후변화 논란을 뛰어넘는 환경 이슈였습니다.

국제사회는 어떻게 이 문제를 해결할 실마리를 찾았을까요? 한마음 한뜻으로 프레온 가스 냉매의 위험을 인정하고 이 냉매가 든 냉장고와 에어컨을 사용하지 않았기 때문일까요? 실제로 오존층 파괴 문제를 해결한 길은 예상 외로 명확한 전환점으로 가득

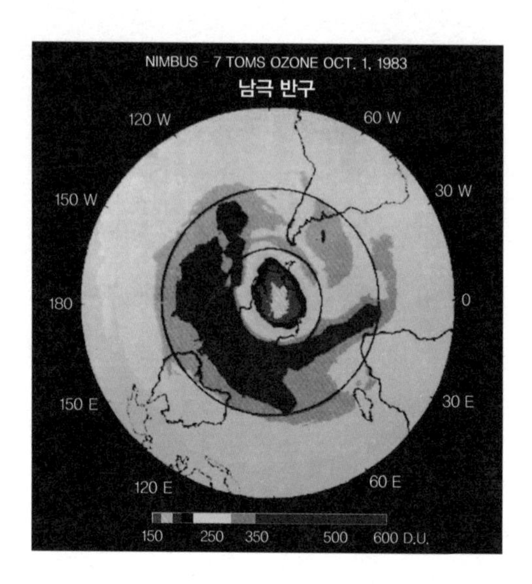

1983년 10월 1일 톰스 위성이 관측한 남극 지역의 오존
© NASA

합니다.

첫 번째 전환점은 몬트리올의정서였습니다. 1987년 채택되고 1989년 발효된 이 의정서는 프레온 가스 사용을 금지하여 전 세계적으로 환경보호에 대한 인식을 높이고, 정부와 산업계의 협력을 촉진하는 계기가 되었습니다. 이 사례는 국제 협력이 어떻게 환경에 대한 위협에 맞서는 데 중요한 역할을 할 수 있는지를 결정적으로 보여줬습니다. 전 세계적으로 프레온 가스 사용을 99퍼센트나 줄인 몬트리올의정서는 환경문제 해결의 성공 사례로 평가받습니다.

두 번째는 기술 혁신의 힘입니다. 수소염화불화탄소HCFC와 수소불화탄소HFC 같은 대체 냉매를 개발하고 상용화한 사례는 기술 진보가 환경문제 해결의 열쇠가 될 수 있다는 희망을 줍니다. 이 과정에서 듀폰 같은 기업들이 중요한 역할을 맡았습니다.

세 번째는 시장의 변화입니다. 오존층 파괴를 강하게 부정하는 목소리를 내던 듀폰이 몬트리올의정서를 지지하며 태도를 180도 바꾼 것은 시장의 역할이 얼마나 결정적일 수 있는지를 보여줍니다. 프레온 가스 대체 물질 개발의 선두 주자가 된 듀폰은 새로운 시장을 독차지함으로써 경쟁사들을 제치고 환경보호와 경제적 이익이라는 두 마리 토끼를 잡을 수 있었습니다.

하지만 듀폰의 시장 독점은 오래가지 않았습니다. 후발 주자들의 대체 물질 개발이 이어졌고, 제가 재직하는 한국과학기술연구원KIST의 과학자들도 이 대열에 합류하여 HFC32 개발에 성공했기 때문입니다.

2023년 1월 세계기상기구WMO 사무총장 페테리 탈라스Petteri Taalas는 CNN과의 인터뷰에서 오존층을 보호하기 위한 노력이 기후변화 대응에 관한 긍정적 사례라고 언급했습니다. 또한 오존층을 파괴하는 화학물질을 단계적으로 퇴출한 교훈을 바탕으로 화석연료 사용을 중단하고 온실가스 배출을 줄여서 지구 온도 상승을 제한해야 한다고 강조했습니다.

현재 중국과 인도에서는 여전히 프레온 가스를 사용한다고 보고되고 있습니다. 세계기상기구와 유엔환경계획UNEP 그리고 많은 과학자가 2040년쯤에는 오존층이 1980년대 이전 수준으로 회복되리라고 기대하고 있습니다. 하지만 그 과정은 매우 느리게 진행되고 있습니다.

오존층 복원에서 배우는 기후변화 해법

남극 상공의 오존층이 파괴되는 사태는 인간에게 크나큰 경고였습니다. 하지만 '냉장고나 에어컨 사용을 중단하라'라는 일부의 요구는 현실성이 없었습니다. 결국 문제의 해결책은 프레온 가스를 대체하는 물질 개발, 즉 기술 진보를 통해 나타났습니다. 기술 진보 없이는 진정한 변화를 이룰 수 없다는 사실을 다시 한번 확인한 셈입니다.

이 사례에서 기후변화 해결을 위한 귀중한 교훈을 얻을 수 있습니다.

첫째는 문제의 근본 원인을 과학적 연구로 정확히 이해하는 것입니다. 오존층 파괴와 프레온 가스의 연관성을 밝히기 위해 과학자들은 성층권의 오존 농도를 직접 측정했습니다. 그리고 프레온 가스가 오존층 파괴에 큰 영향을 미친다는 사실을 분명히 밝혀냈습니다. 이 과학적 발견은 해결책 모색의 중요한 토대가 되었습니다.

둘째는 과학적 연구 결과를 정책 결정자와 대중에게 효과적으로 전달하는 일의 중요성입니다. 산성비와 오존층 파괴 같은 문제에서 과학자들은 문제의 심각성을 널리 알리고 해결책의 중요성을 강조하기 위해 노력했습니다.

셋째는 국제사회의 협력입니다. 산성비와 오존층 파괴를 해결하기 위한 국제 협약 체결, 산업계와 정부의 협력 등이 좋은 예입니다. 기업들은 환경을 보호할 수 있는 대체 물질을 개발했고, 정부는 프레온 가스 사용을 금지하는 등의 조치를 취했습니다.

그렇다면 오늘날 우리가 직면한 기후위기라는 거대한 도전은 어떻게 극복할 수 있을까요? 기후변화의 주범으로 지목되는 것은 대규모 이산화탄소 배출입니다. 전 세계는 매년 약 510억 톤의 이산화탄소를 방출하고 있습니다. 기후변화 문제는 오존층 파괴보다 훨씬 복잡해서 해법을 찾기가 더 어렵습니다. 당장 화석연료를 대신할 수 있는 경제적 대안을 찾는 것도 어렵고요.

대부분의 이산화탄소 배출은 에너지 생산, 교통수단, 산업 활동, 식품 생산 등에서 발생합니다. 자동차 사용을 줄이고, 소비를 억제하며, 식품을 적게 소비하면 문제를 완전히 해결할 수 있을까요?

우리나라가 연간 이산화탄소 배출량을 크게 줄인다 해도 전 세계적으로 보면 영향이 크지 않습니다. 중국, 미국, 인도 등이 대규모로 배출하고 있기 때문입니다. 또한 개발도상국의 배출량 증가도 무시할 수 없습니다. 이런 상황에서 단순히 소비를 줄인다고 해서 문제가 해결되지는 않습니다. 따라서 반드시 필요한 것은 기후위기를 해결할 혁신적인 기술을 개발하고 제품화하여 소비 패턴을 바꾸는 것입니다. 다시 말해 기술 발전 없이는 기후위기를 극복할 수 없습니다.

역사적으로 환경문제를 해결한 사례를 돌이켜보면, 기후변화 문제 해결을 위해서는 국제사회, 산업계, 정부가 손을 잡아야 함을 알 수 있습니다.

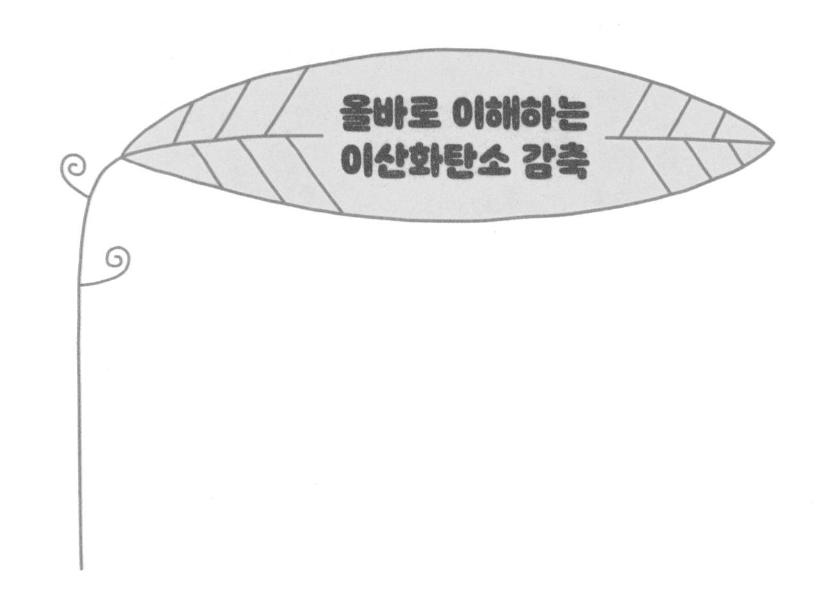

이산화탄소와 탄소의 관계

환경에 관한 많은 언론 보도를 보면 이산화탄소와 탄소를 구분하지 않고 사용하곤 합니다. 외국 언론도 마찬가지입니다. 'carbon(탄소)'이라는 단어를 'carbon dioxide(이산화탄소)'의 의미로 사용하는 경우가 흔하죠. '탄소 제로carbon-zero', '탄소 배출carbon-emission' 같은 용어도 자주 씁니다. 심지어 정부 기관과 환경단체도 용어를 혼동하며 '탄소 중립', '저탄소 정책' 등의 표현을 사용하곤 합니다.

독자 여러분은 '이산화탄소', '탄소 배출'이라는 표현을 들으면 어떤 이미지를 떠올리시나요? '탄소'라는 단어에서는 흑연이나 연필심 같은 고체 물질이 떠오르고, '이산화탄소'에서는 기체가 연상

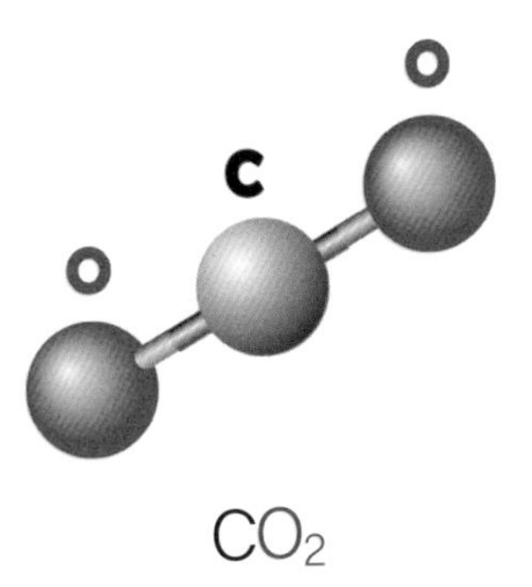

이산화탄소 분자 모형

될 것입니다. 화학 시간에 배운 내용을 떠올려보면 탄소가 산화되어 이산화탄소가 됩니다.

탄소는 유기물질을 구성하는 기본 원소로, 생명체의 생존에 필수적인 물질입니다. 반면 석탄, 석유 등 화석연료를 태울 때 발생하는 배출가스인 이산화탄소는 지구온난화의 주범으로 알려져 있습니다. 물론 이산화탄소는 식물이나 조류 등이 광합성으로 탄수화물을 합성하는 데 꼭 필요한 물질이기도 합니다.

기후변화를 이야기할 때는 탄소라는 애매한 용어보다 '이산화탄소'라는 명확한 용어를 사용하는 것이 바람직합니다. 하지만 '저탄소', '탈탄소', '탄소 중립'처럼 이미 널리 알려진 용어를 '저이산화탄소', '탈이산화탄소', '이산화탄소 중립'으로 바꾸면 오히려 생소하고 어색할 수 있으므로 이 책에서는 그대로 사용하겠습니다.

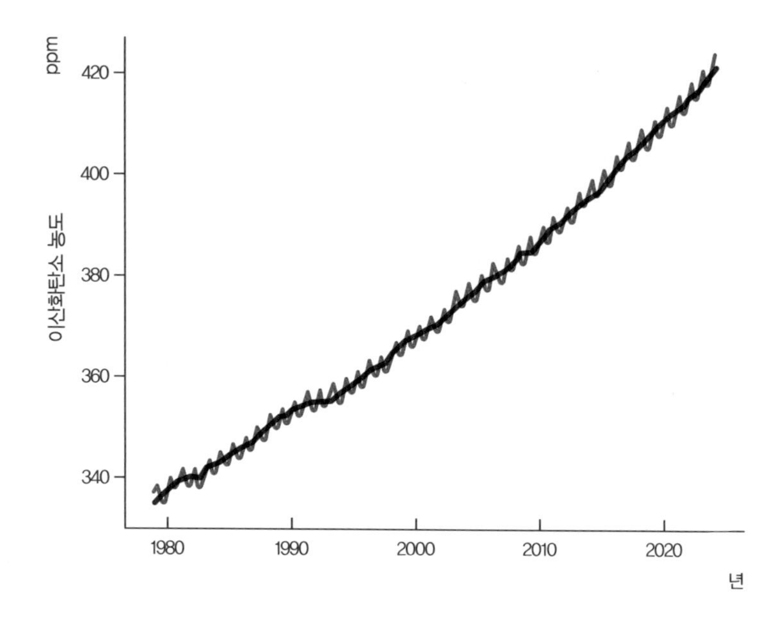

1980년 이후 전 세계의 월평균 이산화탄소 농도. 출처: 미국해양대기청

이산화탄소는 자연에서도 만들어진다?

온난화의 주범으로 지목되는 이산화탄소, 그런데 자연에서도 이것이 만들어질까요? 물론 자연적으로도 생성되고, 또한 자연에 의해 흡수됩니다. 이 과정은 '탄소 순환'이라 불리는 지구 생태계의 중요한 메커니즘입니다.

지구 상의 생물, 지표면, 바다, 대기에서는 이산화탄소는 물론 메탄, 탄수화물, 탄산칼륨 등 탄소가 생화학적으로 다양하게 변화하며 순환합니다. 이 과정에서 대기 중 이산화탄소 농도가 조절되고 생태계와 지구의 균형이 유지됩니다.

산업혁명 이전에도 대기의 이산화탄소 농도는 변화해왔습니다. 화산활동, 산불, 동식물의 부패와 호흡 등에 의해 대기 중으로 배출되는 이산화탄소를 식물이나 바다가 충분히 흡수했습니다. 많은 변화가 일어나도 탄소 순환에 의해 자연적 균형을 이루었습니다.

그러나 18세기 중반 산업화 시대가 도래하며 상황이 달라졌습니다. 인간이 화석연료를 본격적으로 사용하면서 지하에 묻혀 있던 대량의 탄소가 이산화탄소로 배출되었고, 이것이 지구가 흡수할 수 있는 양을 크게 초과했습니다. 이에 따라 대기 중 이산화탄소의 총량이 크게 늘어났습니다. 현재 이산화탄소 농도는 매년 약 2ppm 증가하고 있고, 대기 중에서 늘어나는 이산화탄소의 양은 매년 약 150억 톤으로 추정됩니다.

우리나라의 책임은 어느 정도인가

빌 게이츠의 저서 《기후재앙을 피하는 법》에 따르면 전 세계의 연간 온실가스 배출량은 2020년 기준으로 약 510억 톤입니다. 많은 비용이 드는 화력발전소 폐쇄나 전기차 전환 같은 정책을 결정할 때는 실제로 연간 온실가스 배출량을 얼마나 줄일 수 있는지를 이 수치와 비교하여 판단해야 합니다.

그럼 우리나라는 온난화에 어느 정도 책임이 있을까요? 한국의 연간 이산화탄소 총배출량은 약 7억 톤으로 전 세계 배출량의

1.67퍼센트에 해당합니다. 인구가 더 많은 영국과 프랑스의 배출량 4억 톤보다 훨씬 많습니다. 세계적으로는 7위이고, 1950년대부터 2021년까지의 누적량은 약 242억 톤(이산화탄소 환산량 $tCO_2\text{-eq}$)으로 세계 18위입니다. 우리나라는 1990년대 이후 온실가스 배출량이 급증했지만 산업화 후발 주자임을 강조하면서 배출을 줄이려는 노력을 크게 하지 않았습니다. 1990년 이후 영국, 독일, 일본 등은 탄소 배출량을 꾸준히 줄였지만, 한국은 같은 기간에 연간 배출량이 두 배 이상 증가한 139퍼센트를 기록했습니다.

제조, 발전, 식량 등의 분야별로 한국의 이산화탄소 배출량을 살펴보면 철강 등 제조업 분야가 약 30퍼센트(2.1억 톤), 발전 분야는 33퍼센트(2.3억 톤), 그리고 교통 및 운송 분야는 약 1억 톤을 차지합니다. 이산화탄소를 대량 배출하는 주요 산업을 세분화하면 철강 산업(1억 톤), 화학산업(5,500만 톤), 시멘트 산업(2,500만 톤) 등이 대표적입니다.

이산화탄소를 얼마나 줄여야 효과가 있을까

파리협정의 목표는 지구의 평균기온 상승을 2℃ 이하로, 그리고 가능한 한 1.5℃ 이하로 제한하는 것입니다. 목표를 달성하기 위해서는 2030년까지 세계 인구 1인당 연평균 이산화탄소 배출량을 2.3톤 이하로 줄여야 합니다. 하지만 2020년 세계 평균 배출량은 4.6톤으로 목표치의 두 배 수준입니다.

특히 미국, 캐나다, 오스트레일리아 등 1인당 연간 이산화탄소 배출량이 16~17톤에 이르는 고배출 국가들은 목표치를 달성하기가 훨씬 어려울 것입니다. 우리나라도 상황이 비슷합니다. 2018년에는 1인당 배출량이 12.97톤에 달해 세계 18위를 기록했습니다. 이를 바탕으로 한국 정부는 2030년까지 2018년 대비 40퍼센트 감축한다는 목표를 세웠습니다. 목표를 달성하기 위해서는 앞으로 몇 년 안에 1인당 연간 배출량을 7톤 이하로 줄여야 합니다.

이산화탄소 배출량을 크게 줄이기 위해서는 단순히 경제적 · 기술적 문제를 해결하는 것 이상의 특별한 노력이 필요합니다. 정치적 난제도 함께 해결해야 합니다. 또 다른 대안으로는 재생 가능 에너지 시설을 설치하는 등의 방법이 있습니다. 전기자동차를 보급하고 대중교통을 확대하며 산업 부문의 이산화탄소 배출량을 줄이고 건물의 에너지 효율을 향상하는 것 등도 큰 역할을 할 수 있습니다.

하지만 단순히 이산화탄소 배출량만 줄인다고 해서 기후변화를 해결할 수 있는 것은 아닙니다. 기후변화는 원인들이 복잡하게 얽혀 있고 이산화탄소, 메탄, 이산화질소 등 다양한 온실가스가 함께 영향을 미칩니다. 따라서 이산화탄소 배출량을 줄이는 것만으로는 기후변화를 완전히 막기 어렵습니다. 물론 이산화탄소 감축의 중요성을 간과해서는 안 됩니다.

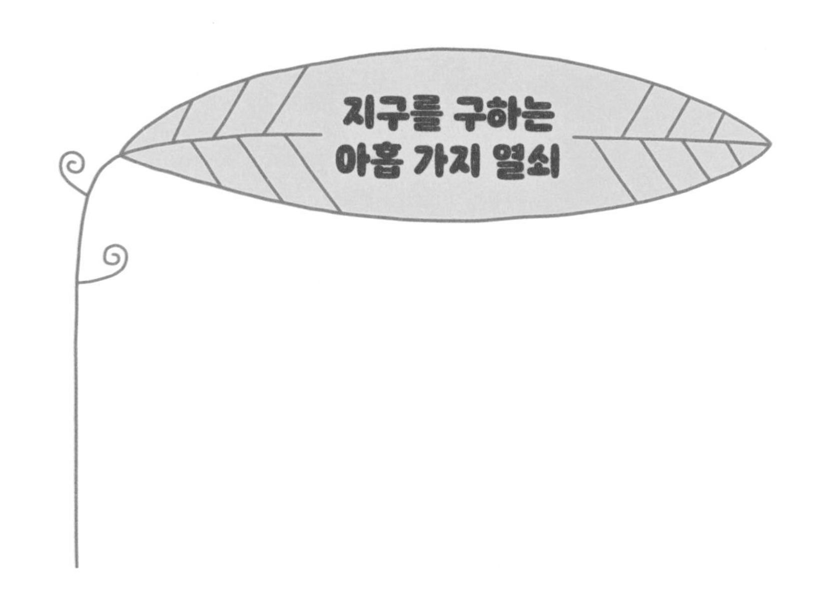

환경문제 해결이 쉽지 않은 이유

전 세계의 많은 사람이 환경문제의 심각성을 인지하고 있음에도 불구하고 이 문제가 쉽게 해결되지 않는 데는 여러 이유가 있습니다.

우선 환경문제가 복잡하다는 점이 큰 장애물입니다. 기후변화만 해도 원인이 다양하며, 온실가스 배출뿐만 아니라 산림 파괴, 도시화, 산업 발전 등 여러 요소가 얽혀 있습니다. 이 요소들은 대부분의 경제활동과 밀접하기 때문에 복잡한 관계망 속에서 적절한 대응 방안을 찾기가 어렵습니다.

둘째는 조치들을 취해도 효과가 나타나기까지 많은 시간이 필요하다는 것입니다. 예컨대 지구의 온도 상승을 막으려고 온실가스 배출을 줄인다고 해도 실제 온도가 변화하기까지는 수십 년, 심지어 수백 년이 걸릴 수 있습니다.

셋째는 이해관계 충돌입니다. 산업계, 정부, 환경단체 등 다양한 이해관계자는 각자 목표와 이해가 다릅니다. 예를 들어 많은 국가가 석탄 산업을 중요한 경제적 자원으로 여기기 때문에 이 분야를 정책적으로 줄이려 하면 다양한 저항에 부딪힙니다.

지구를 구하는 9단계 전략

오존층 파괴와 지구온난화라는 두 가지 현상을 중심으로 환경문제의 심각성을 인식하고 체계적으로 대응하기 위한 9단계 방안을 소개하면 다음과 같습니다.

1단계: 현상 인식–지구온난화 징후 파악하기

과학자들은 오존층 파괴와 마찬가지로 지구온난화가 실제로 진행되고 있으며 갈수록 심각해지고 있다고 경고합니다. 가을에도 30℃를 넘는 무더위가 계속되고, 그동안 경험하지 못한 한파가 찾아오는 등 이상 기후 현상이 자주 발생하고 있습니다.

2단계: 문제 인식–기후위기의 실체 직시하기

이산화탄소, 메탄 등의 온실가스 농도가 빠르게 높아지면서 지구온난화는 무시할 수 없는 현실이 되었습니다. 이것은 자연적 현상이 아니라 주로 인간의 활동이 초래한 결과임을 인식해야 합니다.

3단계: 긴급 대응의 필요성–적극적 대책 마련하기

오존층 파괴에 대한 국제적 대응이 그러했듯이, 기후위기에도 신속하고 즉각적인 대응이 필요합니다. 이산화탄소 농도 증가는 심각한 기후변화를 초래하며, 이에 따른 피해는 인류의 생활과 환경에 막대한 영향을 미칩니다.

이처럼 1~3단계는 현상을 인식하고 문제의 심각성을 직시하며 긴급한 대응이 필요함을 인지하는 과정입니다. 다음으로는 구체적 해결책과 실행 방안을 논의하겠습니다.

4단계: 문제의 원인에 대한 증거와 지식이 있는가?

오존층 파괴의 경우 주요 원인이 염화불화탄소 등의 화학물질 사용임을 과학적 연구로 밝혀냈습니다. 이에 따라 오존층 파괴 물질의 사용을 규제하는 조치가 시행되었고 기업들도 대체 물질 개발에 힘썼습니다.

기후위기의 경우 각 온실가스가 전체 온실효과에 미치는 영향은 농도와 열을 흡수하는 효율에 따라 다릅니다. 이산화탄소의 경우 온실가스 중 열을 흡수하는 능력은 낮지만 대기 중으로 방출되는 양이 가장 많고 가장 안정적이어서 오랫동안 존재하기 때문에 가장 중요합니다.

5단계: 원인을 제공한 책임은 누구에게 있는가?

오존층 파괴의 책임은 관련 물질을 생산하는 화학산업과 소비자들에게 있습니다. 이에 따라 국제사회는 화학산업계와 소비자들에게 오존층을 보존할 책임을 부여하고 규제를 시행했습니다.

기후위기의 원인은 산업혁명 이래 화석연료 사용량이 급증하여 이산화탄소 배출이 증가한 데 있습니다. 따라서 대량의 화석연료를 사용하는 산업과 개인의 에너지 소비 패턴이 기후위기의 주요 원인으로 지목됩니다.

6단계: 문제의 원인을 제거하고 해결하는 방안이 있는가?

오존층 파괴의 경우 관련 물질 사용을 금지하고 대체 물질을 개발하는 등의 해결책을 찾았습니다. 대체 물질 개발과 사용에 대한 규제, 환경 교육을 통한 인식 개선 등으로 문제를 해결하기 위해 노력했습니다.

기후위기를 해결하기 위해서는 이산화탄소 배출과 밀접한 에너지 생산과 사용 방식이 근본적으로 변화해야 합니다. 이를 위해 다음과 같은 이산화탄소 배출과 탄소 관리 방안이 필요합니다.

① 석탄, 석유 등의 화석연료 사용을 줄여 이산화탄소 배출을 감소시키는 것

② 태양열, 풍력, 바이오에너지 등 이산화탄소 배출이 적거나 없는 재생에너지 사용

③ 탄소 격리Carbon sequestration 등의 방법으로 대기의 이산화탄소를 제거하고 지중이나 바닷속에 저장하는 방법 개발과 활용

7단계: 해결책의 비용이 너무 높거나, 사회적 변화를 초래하거나, 관리하기 어렵지는 않은가?

오존층 파괴의 경우 관련 물질 사용을 금지하고 대체 물질을 개발하는 데 많은 비용이 들었고 산업과 생활에 큰 영향을 미쳤습니다. 복잡하고 어려울 수 있는 규제와 관리를 위해 산업계, 정부, 국제기구가 협력하여 비용을 분담하고 효과적인 규제 체계를 마련했습니다.

기후위기를 해결하기 위해서는 에너지 생산과 사용에 대한 근본적 변화가 필요하며, 여기에는 많은 비용이 듭니다. 매년 510억 톤에 이르는 이산화탄소 배출을 중단하고, 이미 높아진 이산화탄소 농도를 낮추는 것은 어려운 일입니다. 이로 인해 경제 발전이 저하될 것이라고 우려하는 목소리도 제기되고 있습니다. 한편으로는 기후위기의 유망한 해결책 중 하나인 원자력발전에 대한 부정적 반응과 불안감이 폭넓게 퍼져 있습니다. 재생에너지는 비용이 높고 변동성이 크기 때문에 주 에너지원으로 사용하기는 어렵습니다. 기후위기 해결책에 대한 선진국과 개발도상국의 비용 분담 역시 또 다른 중요한 문제입니다.

8단계: 해결책을 적용하는 데 필요한 비용을 누가 부담하는가?

오존층 파괴의 경우 오존층 파괴 물질 사용 규제와 대체 물질 개발에 드는 비용은 주로 관련 산업계와 정부가 부담했고 일부는 소비자가 부담했습니다. 정부는 산업계와 소비자들에게 재정 지원과 보상 제도를 제공하고 국제 협력을 통해 비용 부담을 가볍게 했습니다.

기후위기의 경우 해결책에 드는 비용은 대부분 에너지 사용자가 지불하게 됩니다. 즉 화석연료 사용 등으로 인해 발생한 기후위기를 해결하기 위해서는 에너지 사용자들이 비용을 부담해야 합니다.

9단계: 해결책 실행 후 문제가 해결되었나? 새로운 문제가 발생하지 않았나?

오존층 파괴의 경우 대체 물질과 규제를 통해 문제가 개선되고 있습니다. 그러나 다른 환경문제로 전이되거나 새로운 문제가 발생할 위험은 여전히 남아 있습니다. 따라서 해결 후에도 지속적인 모니터링과 평가로 새로운 문제를 예방하고 관리하기 위해 국제사회가 노력하고 있습니다.

기후위기의 경우 재생에너지의 근본적 한계와 전력 공급 문제 등의 어려움에 직면해 있습니다. 이 문제들을 해결하기 위해서는 에너지 생산과 사용을 근본적으로 변화시킬 필요가 있습니다. 하지만 이산화탄소 격리에 막대한 비용이 필요하기 때문에 세계경제가 후퇴할 것이란 우려가 큽니다.

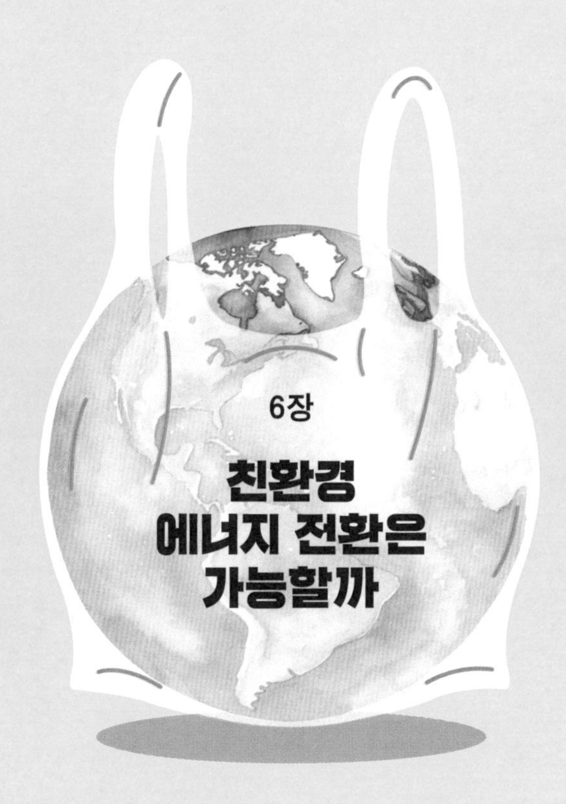

6장

친환경 에너지 전환은 가능할까

재생에너지는 유일한 해결책인가

현대사회가 직면한 가장 큰 도전인 기후변화와 환경 파괴는 주로 에너지 소비로 인해 발생합니다. 특히 이산화탄소를 많이 배출하는 화력발전 같은 화석연료 사용이 주요 원인이지요. 이제 우리나라에서는 문제를 해결하기 위해 화석연료 사용을 중단하거나 크게 줄여야 한다는 데 국민 대부분이 동의할 것입니다. 하지만 전문가들은 화석연료 사용을 산업혁명 이전 수준으로 대폭 줄이는 방안은 비현실적이라고 봅니다.

에너지 사용을 줄일 수 없다면 해결책은 화석연료 의존도를 낮추는 한편 이산화탄소를 배출하지 않는 대체 에너지원인 태양열·풍력·수력·지열 에너지와 같은 재생 가능 에너지를 대규모로 도입하는 것입니다.

하지만 재생에너지를 도입하려면 먼저 해결해야 할 문제점들이 있습니다. 예를 들어 최근 우리나라에서 태양광발전소 건설로 인한 산림 파괴가 큰 문제로 대두했습니다. 우리나라 전체 발전량의 5퍼센트에 불과한 재생에너지 비중을 높이려면 이미 사회적 쟁점이 되고 있는 여러 문제를 해결해야 합니다. 다음은 재생 가능 에너지에 관한 강연 후의 질의 응답에 관한 예시입니다.

A: 재생 가능 에너지에는 어떤 이점이 있나요?

B: 재생 가능 에너지를 사용해야 기후변화를 해결할 수 있습니다. 자연에서 생성되는 재생 가능 에너지는 무한히 공급될 수 있습니다. 또한 재생 가능 에너지 시스템과 지역사회가 잘 협력하면 지역 경제에도 긍정적인 영향을 줄 수 있습니다. 대기오염과 자원 고갈 문제를 완화하여 환경을 보호하고 지속 가능한 발전을 이루는 데 도움이 됩니다.

C: 현재 기술로 100퍼센트 재생 가능한 에너지를 도입할 수 있나요?

B: 화석연료 의존도를 줄이기 위해 기술 개발과 혁신으로 재생 가능 에너지의 점유율을 높이려고 하고 있지만, 현재 기술로는 모든 에너지를 100퍼센트 재생 가능 자원으로만 생산하기는 어렵습니다.

D: 재생 가능 에너지에는 여러 문제점이 있다고 들었습니다. 이 문

제들을 극복할 수 있을까요?

B: 재생 가능 에너지는 기술적, 경제적으로 다양한 문제점과 한계가 있습니다. 에너지 시스템의 효율성과 안정성 문제가 대표적입니다. 정부는 적극적인 지원으로 기업의 재생에너지 투자를 유도하고 보급을 확대해야 합니다. 또한 모든 지역과 국가가 재생 가능 에너지를 활용할 수 있도록 포용적으로 접근할 필요가 있습니다.

E: 재생 가능 에너지에는 상당한 초기 투자가 필요하다고 들었습니다. 일부 국가나 지역은 투자하기 어렵지 않을까요?

B: 맞습니다. 재생 가능 에너지 시스템의 건설과 유지에는 많은 투자가 필요합니다. 정부는 기업이 적극적으로 투자할 수 있도록 정책 지원, 세제 혜택, 보조금 제공 등의 유인책을 활용할 필요가 있습니다.

재생에너지의 빛과 그림자

인류가 직면한 지구온난화, 기후위기, 환경 위기 상황에서는 100퍼센트 재생 가능 에너지로의 전환이 미래를 위한 선택이 아닌 필수적인 길이라는 주장이 많습니다.

태양, 바람, 물처럼 자연에서 얻을 수 있는 에너지를 활용하면 환경을 파괴하거나 오염시키지 않고도 에너지 수요를 충족할 수 있습니다. 100퍼센트 재생 가능 에너지로 전환하면 단지 환경적 이점만 얻는 것을 넘어 관련 기술 발전과 확산을 통해 경제적 기회를 창출하고 에너지 안보도 강화할 수 있습니다.

우리나라는 재생에너지에 관한 잠재력이 충분하다고 볼 수 있습니다. 신재생에너지 백서에 따르면 우리나라의 재생에너지 잠재량은 설비용량 기준으로 약 5,000기가와트GW에 달합니다. 현재의 총발전 설비용량의 38배에 해당하므로 우리나라도 충분히 100퍼센트 재생에너지로 전환할 수 있다는 의미입니다.

그러나 세계가 꿈꾸는 100퍼센트 재생 가능 에너지에 기반한 이상향으로 나아가는 길은 예상보다 험난합니다. 특히 항공 산업, 화물차와 선박을 포함한 화물 운송, 그리고 철강, 시멘트, 화학제품 같은 제조업 분야에서는 재생 가능 에너지 사용을 기술적으로나 경제적으로 거의 불가능한 도전으로 여깁니다.

현재 재생 가능 에너지는 태양광과 풍력이 주를 이루지만, 날씨라는 변수가 크게 작용하기 때문에 안정적인 전력 공급이라는 목표를 이루기에는 갈 길이 멉니다.

또한 현재 의존하고 있는 에너지 시스템을 새로운 체계로 바꿔야 하므로 경제적, 사회적, 기술적으로 많은 장벽에 부딪히고 있습니다. 에너지 생산 효율, 저장과 분배 문제 역시 해결해야 할 중요한 과제입니다. 한편 재생에너지 시스템을 구축하는 데 드는 초기 비용은 상상을 초월할 정도로 높아서 시작조차 주저하게 만듭니다. 생산한 전력을 수요지까지 안정적으로 전달하는 송전 시스템을 구축하는 것 역시 비용 문제는 물론 부지 선정의 어려움 등이 커서 또 다른 중대한 과제가 되고 있습니다.

지속 가능한 미래의 열쇠로 여겨지는 재생 가능 에너지의 '빛' 뒤에 숨어 있는 '그림자'는 생각보다 짙습니다. 변덕스러운 날씨에 크게 의존하는 태양광과 풍력 같은 에너지원은 기대만큼 전력을 안정적으로 공급하지 못합니다. 특히 구름이 자욱하거나 바람이 잠잠한 날에는 효율이 크게 떨어지죠.

기술적 한계와 경제적 어려움은 재생 가능 에너지가 직면한 큰 그림자입니다. 이 분야의 잠재력을 온전히 발휘하기 위해서는 이 문제들을 해결해야 합니다. 재생 가능 에너지의 미래를 긍정적으로 이야기하기는 쉽지만, 극복해야 할 현실적 문제가 많습니다.

에너지원들의 장점과 단점

태양광, 풍력 등 재생에너지원은 물론 화력, 원자력 등의 다른 에너지원들 모두가 완벽한 해결법은 아닙니다. 마찬가지로 어떤 에너지도 쓸모없다고 말할 수는 없습니다. 각 에너지원은 저마다 고유한 특징과 장단점이 있으니까요. 세계 각국의 에너지 생산에서 큰 비중을 차지하고 있는 화력발전과 원자력발전, 수력발전, 풍력발전, 태양광발전의 장단점을 알아보겠습니다.

화력발전은 많은 전기를 꾸준히 만들고 발전량을 원하는 대로 쉽게 조절할 수 있다는 장점이 있습니다. 땅을 적게 차지하며 건설비가 상대적으로 저렴하고 기술 수준도 이미 높습니다. 하지만 화석연료를 사용하므로 온실가스와 대기오염 물질을 배출하며, 국제 정세 변화에 따라 연료 가격이 크게 변동하는 단점이 있습니다.

원자력발전은 이산화탄소나 대기오염 물질을 배출하지 않고 많은 전기를 안정적으로 공급할 수 있는 장점이 있습니다. 연료 가격도 국제 정세의 영향을 거의 받지 않습니다. 단점으로는 안전에 관한 우려, 즉 사고와 방사능에 관한 문제가 있습니다. 따라서 안전관리에 고도의 기술과 숙련도가 요구됩니다. 한번 가동을 멈추면 재가동에 오랜 시간이 소요되고, 사용 후 폐기물을 처리하는 데도 문제가 있습니다.

수력발전은 깨끗한 전기를 지속적으로 만드는 가장 오래된 재생에너지원입니다. 흐르는 물의 힘을 이용하므로 발전 비용이 저렴하고, 온실가스나 대기오염 물질을 배출하지 않으며, 연료 비용도 들지 않습니다. 이처럼 장점이 많지만 단점도 있습니다. 특히 대규모 토목공사가 필요하기 때문에 어디에나 건설할 수 없으며, 건설된 지역의 기후에 큰 영향을 줍니다. 우리나라에서는 수력발전이 가능한 새로운 장소를 쉽게 찾기 어렵습니다.

풍력발전은 바람의 힘을 이용하기 때문에 연료비가 들지 않고 이산화탄소와 대기오염 물질을 배출하지 않습니다. 건설 비용이 저렴해지면서 경제성도 향상되고 있습니다. 그러나 바람이 늘 일정하게 불지는 않기 때문에 발전량이 변동적이라는 단점이 있습

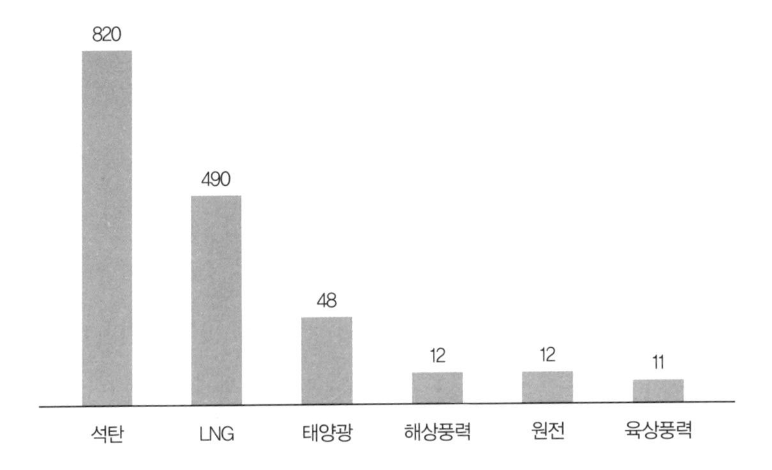

발전원별 생애주기 탄소 배출량(직접·공급망 배출 및 알베도 효과까지 포함한 수치. 단위: 전력 1kWh당 이산화탄소 환산량gCO_2eq). 출처: IPCC

니다. 또한 풍력발전기가 거대하기 때문에 주변 경관을 해치고, 인근 지역에 소음 피해를 주는 문제가 있습니다. 우리나라의 복잡한 지형과 불규칙한 바람은 풍력발전에 불리합니다.

태양광발전은 태양빛을 이용하므로 연료를 사용하지 않으며, 이산화탄소와 대기오염 물질을 배출하지 않고, 대규모로 건설할 필요가 없어서 다양한 장소에 설치할 수 있습니다. 그러나 태양빛이 있는 낮에만 발전할 수 있고, 한 패널당 발전량이 많지 않아 주력 에너지원으로는 부족한 면이 있습니다.

이처럼 저마다 장단점이 뚜렷한 다섯 가지 발전 방식을 어떻게 활용하는 것이 바람직할까요?

전력 사용량이 급증하는 상황에서 발전 설비를 신속하게 확보해야 하는 개발도상국에는 건설과 운영이 상대적으로 쉬운 화력발전이 적합합니다. 연료 가격이 변동할 우려가 있지만, 화석연료는 여전히 쉽게 구할 수 있습니다. 원자력발전은 건설과 초기 설치에 많은 비용이 들지만, 일단 완공되면 연료 비용의 안정성 덕분에 장기간에 걸쳐 많은 전기를 안정적으로 제공할 수 있습니다. 건설하기 어려운 수력발전도 설치가 완료되면 추가 조건 없이 지속해서 전기를 공급할 수 있습니다. 이 세 가지 발전 방식은 어떠한 상황에서도 안정적으로 전기를 공급하는 기반이 될 수 있습니다.

풍력발전과 태양광발전은 전기를 깨끗하게 생산할 수 있는 장점이 있지만, 발전량의 변동성이 커서 주요 에너지원으로 활용하기는 어렵습니다. 따라서 기반 발전원의 발전량을 보완하는 보조 전력 역할을 하는 것이 적절합니다.

꿈과 현실 사이

많은 사람이 100퍼센트 재생 가능 에너지로의 전환은 더 이상 불가능한 꿈이 아니라고 주장합니다. 선진국의 성공 사례를 보면서 잠재력이 분명히 크다고 주장하기도 합니다.

그러나 재생에너지 비율이 80퍼센트가 넘는 덴마크는 풍부한 해상 풍력 자원 덕분에 전환에 성공할 수 있었습니다. 덴마크, 영국 등의 해상 풍력 잠재량은 유럽 전체의 약 3분의 2에 달할 정도로 풍부합니다. 전력 100퍼센트를 재생에너지로 공급하여 세계에서 가장 높은 신재생에너지 소비율을 자랑하는 아이슬란드는 70퍼센트를 수력으로, 30퍼센트를 지열로 생산합니다.

하지만 우리나라의 상황은 다릅니다. 산간 지형과 높은 인구밀도 때문에 재생에너지 발전 시설을 설치할 부지가 턱없이 부족합니다. 수력발전과 지열발전을 더 늘리는 것은 현실적으로 어렵고, 태양광발전과 풍력발전은 기상 조건에 따라 발전량이 크게 달라집니다. 또한 유럽의 여러 나라처럼 전력을 거래하며 안정적으로 전력을 공급하기도 어렵습니다.

화석연료 발전소를 완전히 폐기하고 재생 가능 에너지만 사용하는 계획은 현재로서는 실천하기 어렵습니다. 새로운 에너지로 전환하는 데 많은 비용이 들고 기술적으로 어려우며, 변화 과정에서 발생하는 문제와 불편을 사람들이 받아들이기 어렵기 때문입니다. 재생 가능 에너지로의 완전한 전환이 현실적으로 어렵다면 에너지 문제를 어떻게 해결해야 할까요? 재생 가능 에너지 도입에서 합리적인 비율은 어떤 기준으로 정해야 할까요?

재생 가능 에너지 사용을 확대할 때는 현재 기술이나 비용 문제를 잘 생각해서 결정해야 합니다. 초기에는 많은 비용이 들고 새로운 시설을 짓는 것도 어렵기 때문에 점진적 전환을 목표로 삼는 게 바람직합니다. 지역 날씨와 자연환경, 에너지 소비량 등을 고려해서 가장 적합한 친환경 에너지를 선택해야 합니다. 예를 들어 일조량이 풍부한 지역에서는 태양광 에너지를, 바람이 많이 부는 곳은 풍력 에너지를 활용하는 식입니다.

경쟁은 이미 시작되었다

세계 여러 나라가 화석연료로부터 벗어나 깨끗하고 지속 가능한 에너지원으로 전환하려 하고 있습니다. 이 과정에서 재생에너지원을 연구하고 개발하는 주체들의 경쟁이 청정에너지가 성장하는 데 중요한 역할을 하고 있습니다. 재생 가능 에너지원들의 경쟁은 기술 혁신을 앞당기고, 비용을 줄이며, 에너지 효율을 높이는 긍정적인 결과를 가져올 수 있습니다.

재생에너지 분야의 경쟁은 한편으로 비효율성과 비용 증가를 낳는다는 부정적인 시선도 받고 있습니다. 예컨대 서로 다른 지역 혹은 국가들이 각기 다른 재생에너지원에 투자하면 통일된 에너지 시스템을 구축하기 어려울 수 있습니다. 투자가 분산되면 결과적으로 전체 에너지 공급망의 효율이 낮아지고 비용도 불필요하게 증가할 수 있습니다.

하지만 재생에너지원 간의 경쟁이 기술 혁신과 비용 절감을 촉진한다는 주장도 만만치 않습니다. 가장 효과적이고 경제적인 해법을 제공하기 위해 기업들이 경쟁하는 것은 당연하고, 경쟁이 있어야 새로운 기술 개발을 촉진하고 기존 기술을 개선하여 효율성과 비용 면에서 더 큰 이익을 가져올 수 있다는 것입니다.

실제로 미국의 태양에너지와 풍력에너지의 경쟁은 주목할 만합니다. 미국의 태양광발전과 풍력발전은 기술 발전, 비용 절감, 정부의 인센티브에 힘입어 크게 성장했습니다. 햇빛이 풍부하고 바람이 강한 캘리포니아주와 텍사스주에서는 태양광발전과 풍력발전이 경쟁합니다. 토지, 바람이 부는 패턴, 햇빛의 강도와 송전망 등을 고려하여 태양광발전소와 풍력발전소 건설 중에서 선택할 여지가 있는 것입니다.

풍력 자원이 풍부한 미국 중서부에서는 풍력 에너지가 지배적이었습니다. 광활하고 평탄한 땅은 대규모 풍력발전 단지를 만들기에 이상적이지요. 그러나 태양광 패널 비용이 낮아지면서 태양에너지의 경쟁력이 높아지자 태양광발전 개발자와 풍력발전 개발자의 경쟁이 심해지고 있습니다. 지방정부와 지역사회는 시각적 영향, 소음, 야생동물에게 미치는 영향, 지역에 대한 경제적 이점 등의 요소를 고려하고 각 에너지의 장단점을 평가해서 선택하면 됩니다.

태양광과 풍력의 경쟁은 양쪽의 기술 혁신과 효율 향상으로 이어져 궁극적으로 소비자에게 이익을 주고 재생 가능 에너지 전환을 촉진했습니다.

이처럼 시장에서는 이미 재생에너지원끼리 경쟁하고 있습니다. 태양열과 풍력이 우위를 점하기 위해 경쟁하고 있고, 수력, 지열, 바이오매스 같은 다른 재생에너지원도 점유율 경쟁에 참여하고 있습니다.

재생에너지 분야의 협력과 통합

재생 가능 에너지원들의 경쟁이 치열해지는 가운데 어떻게 효율적이고 지속 가능한 에너지 시스템을 구축할 수 있을까요? 단순한 경쟁이 아닌 협력과 통합을 통해 답을 찾을 수 있을 것입니다.

재생에너지원이 각각의 장점을 바탕으로 시스템 내에서 조화롭게 작동하려면 지식 공유와 기술 혁신이 중요합니다. 이를 위해서는 정책 입안자들이 정책을 투명하게 추진하고, 지속 가능한 기술 개발을 장려해야 합니다.

태양광과 풍력 등 재생에너지가 화석연료의 실질적 대안이 되려면 비용이 더 크게 낮아져야 합니다. 비용 경쟁력은 에너지 생산의 경제성을 높이는 핵심입니다. 여기에 정부 정책과 환경 규제, 즉 인센티브와 보조금 정책이 큰 역할을 합니다. 다양한 재생에너지 기술의 성장에 큰 영향을 미치기 때문입니다.

기술 혁신은 재생에너지 경쟁에서 승리하기 위한 효율 향상과 비용 절감에 기여합니다. 재생에너지의 신뢰성과 경쟁력을 높이기 위해서도 전력 저장과 송전망 그리드 통합 기술이 필수적입니다.

또한 지역적 상황을 고려하여 재생 가능 에너지원에 전략적으로 접근할 필요가 있습니다. 지역마다 다른 조건은 전체 태양광발전과 풍력발전 시장에 큰 영향을 미치고, 재생에너지 분야의 투자와 자금 조달, 프로젝트의 확장성과 경쟁력에 결정적인 역할을 합니다.

사회적 수용성도 재생에너지 시장의 성장에 중요한 요소입니다. 각 재생에너지원에 대한 인식과 수용성이 경쟁력에 큰 영향을 미치므로 여론과 사회적 추세도 중요합니다.

마지막으로, 세계 시장을 고려하여 전략을 수립하는 것이 중요합니다. 글로벌 에너지 시장은 서로 연결되어 있어서 무역정책, 지정학적 요인 등이 재생에너지원의 경쟁력에 영향을 미치기 때문입니다.

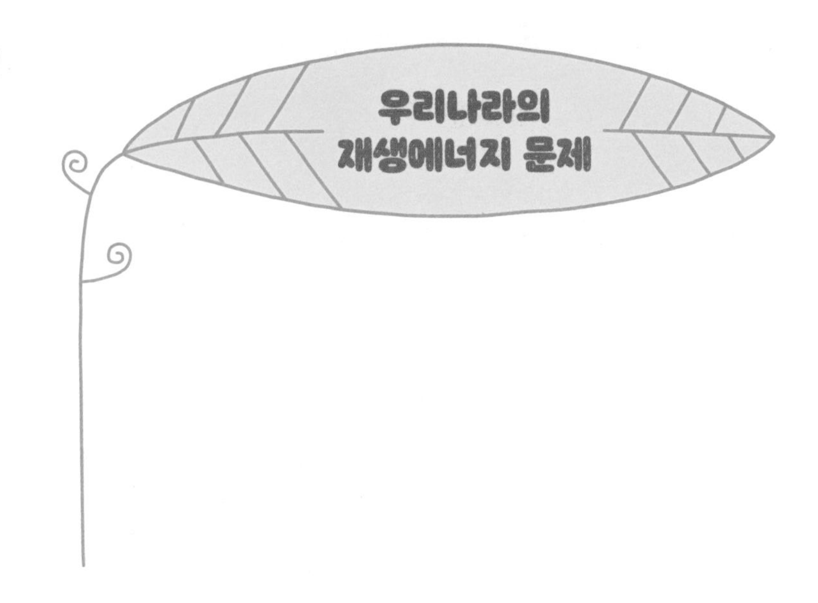

우리나라의 재생에너지 현황

세계경제포럼WEF은 전 세계의 기업인, 경제학자, 저널리스트, 정치인들이 모여 경제 문제를 논의하고 국제적 해결책을 모색하는 회의입니다. 세계경제포럼은 2015년부터 매년 에너지 전환 지수ETI를 발표하고 있습니다. 각국이 얼마나 제대로 재생에너지로 전환하고 있는지를 나타내는 중요한 지표입니다. 최근 10년간 에너지 전환 지수가 높게 평가된 국가들은 덴마크, 핀란드, 영국 등입니다. 이들은 재생에너지를 대폭 확대하고 석탄발전을 줄여서 1인당 탄소 배출량을 낮추는 데 성공했습니다.

그러나 우리나라는 상황이 다릅니다. 세계경제포럼에 따르면 한국의 에너지 전환 지수는 60.8점으로 31개 선진국 중 최하위권인 29위에 머물러 있습니다. 선진국 평균인 68.4점보다 7.6점이나 낮은 수치입니다. 특히 선진국의 석탄발전 비중이 평균 13.0퍼센트인 반면 한국은 40.8퍼센트로 매우 높습니다. 또한 재생에너지 발전 비중이 5.5퍼센트에 불과하여 선진국 평균인 38.2퍼센트에 비해 현저히 낮습니다. 이에 따라 한국의 1인당 탄소 배출량은 11.7톤으로, 선진국 평균인 7.8톤보다 3.9톤이나 높다는 점도 큰 문제로 지적되고 있습니다.

우리나라는 경제의 활력을 유지하는 동시에 온실가스 배출을 줄이고 에너지 수요를 충족하는 균형 잡힌 길을 모색하고 있습니다. 이 과정에서 재생에너지와 비재생에너지의 적절한 비율을 찾는 것이 지속 가능한 미래를 위해 중요합니다.

현재 한국의 발전량 중 대부분은 석탄, 석유, 천연가스 같은 화석연료에서 나오고 있습니다. 이들은 전체의 약 64.3퍼센트를 차지합니다. 원자력은 27.4퍼센트를 차지하고, 나머지 7.5퍼센트는 태양광, 풍력, 수력 같은 재생에너지로부터 나옵니다. 하지만 정부는 2030년까지 재생에너지 비율을 20퍼센트로, 2040년까지는 30~35퍼센트로 올릴 계획이라고 주장합니다.

이런 변화는 경제에도 큰 영향을 줄 것입니다. 태양광발전소, 풍력발전소 등에 대한 인프라 투자가 단기적으로 일자리를 만들어내고 경제성장을 촉진할 수 있습니다. 또한 재생에너지는 외국에서 들여오는 화석연료에 대한 의존도를 줄이고 에너지 안보를 강화하며 무역적자도 줄일 수 있습니다.

화석연료 수입에 크게 의존하고 있는 우리나라는 에너지 분야에서 기후변화와 자원 안보라는 두 가지 중대한 도전에 직면해 있습니다. 첫 번째는 기후변화 대응입니다. 지구의 평균온도 상승을 2030년까지 2℃ 이하로 제한하기 위해서는 석탄 같은 화석연료 사용을 줄여야 합니다.

두 번째는 자원 안보입니다. 과거에는 세계화의 바람을 타고 외국에서 생산된 제품을 쉽게 가져올 수 있었지만, 이제는 세계 정세가 변화함에 따라 상황이 바뀌었습니다. 국제 갈등이 심화되면서 해외 에너지 자원과 식량 수입이 불안정해져 가격 상승을 초래하고 있습니다. 이에 따라 가능한 한 국내에서 생산할 수 있는 에너지를 활용하거나, 신뢰할 수 있는 협력국을 확보해야 합니다.

우리나라는 경제 규모에 비해 발전량이 많은 것이 특징인데 이는 에너지 효율성이 아직 낮다는 의미입니다. 특히 제조업 중심의 산업구조 때문에 전력의 절반가량을 제조업 부문에서 사용하므로 향후 에너지 정책을 수립할 때 중요하게 고려해야 합니다.

재생에너지 전환의 잠재력은 충분한가

2013년 환경보호 단체 그린피스가 발표한 보고서 〈재생 가능 에너지 현실화, 기로에 선 한국〉에 따르면 우리나라는 태양광 설비를 국토 곳곳에 설치할 수 있는 좋은 조건을 갖추고 있으며, 재생에너지 분야에서 선도적인 독일조차 능가할 정도로 환경이 우수하다고 주장합니다. 이 보고서에 따르면 충남 서산, 경남 진주, 전남 목포 등에 대규모 태양광 단지를 건설할 수 있으며, 독특한 반도 지형 덕분에 동해, 서해, 남해 모두에서 풍력발전이 가능합니다. 또한 서산 등지에 설치할 수 있는 태양광발전 단지와 해안가에 건설할 수 있는 풍력발전소는 원자력발전소 1기의 용량과 맞먹는 100만 킬로와트급 잠재력을 갖췄다고 주장했습니다.

우리나라의 공식 보고서인 〈신·재생에너지 백서〉에 따르면 신·재생에너지 잠재량은 설비용량 기준으로 약 5,000기가와트에 이릅니다. 현재의 총발전 설비용량인 130기가와트의 38배에 달하는 수치는 재생에너지를 통해 미래 에너지 수요를 충족할 입지 자원이 충분하다는 의미입니다.

우리나라가 세계에서 가장 불리하다?

하지만 반대로 우리나라의 지리적 특성상 재생에너지 도입이 세계에서 유례없이 불리하므로 재생에너지 도입을 서두르지 말아야 한다는 주장도 있습니다. 이 주장에는 어떤 근거가 있을까요?

재생에너지 도입을 반대하는 주장들은 국토의 지리적·물리적 특성에 근거하고 있습니다. 우리나라는 국토 면적이 좁고 인구밀도가 매우 높습니다. 이러한 조건은 재생에너지, 특히 태양광이나

전남 해남군의 솔라시도 태양광발전소. 축구장 190개 넓이에 25만 장의 태양광 패널이 설치되어 있으며 연간 전력 생산 시설 용량은 약 129기가와트다. © (주)한양

풍력 같은 에너지원을 대규모로 도입하는 데 불리합니다.

우선 언급되는 문제는 전력 밀도Power Density입니다. 전력 밀도란 설치 부지의 면적m^2에 따른 전력 생산량W을 말합니다. 예를 들면 재생에너지원인 태양광발전의 전력 밀도는 5~20W/m^2로, 원자력발전(약 1,000W/m^2)이나 화력발전보다 현저히 낮습니다. 이는 같은 양의 전력을 생산하기 위해 필요한 면적이 원자력발전이나 화력발전에 비해 훨씬 크다는 의미입니다. 우리나라에서는 재생에너지 생산에 필요한 땅을 대규모로 확보하기 어렵습니다. 또한 국토 대부분이 산지여서 평지가 매우 제한적입니다. 이러한 지형적 특성은 풍력발전소나 태양광발전소 같은 재생에너지 시설을 설치하기에 불리합니다. 예를 들면 전남 신안군에 위치한 임자도 태양광발전소는 대규모 염전을 활용해 조성된, 국내 단일 규모로는 최대인 0.1기가와트급 발전소입니다. 이 발전소의 면적은 여의도의 3.8배에 해당하는 9.87제곱킬로미터입니다.

반면 원자력발전소는 상대적으로 작은 면적에서 훨씬 많은 전력을 생산할 수 있습니다. 한빛 원자력발전소에 있는 총 다섯 기의 원자로는 총설비용량이 약 5.9기가와트이고, 발전소 부지는 약 3.3제곱킬로미터입니다. 동일한 5.9기가와트 용량의 태양광발전소를 설치하기 위한 면적을 추정해보면 약 582.33제곱킬로미터로 원자력발전소와 비교하여 176배 면적이 필요합니다.

재생에너지의 면적당 전력 생산량

영국 케임브리지대학교 공학과의 데이비드 매케이 교수는 '재생에너지의 현실A reality check on renewables'이라는 TED 강연에서 한 그래프를 보여줍니다(아래 QR 코드를 통해 강연 전체를 볼 수 있습니다. 여기서 소개하는 그래프는 4분 5초부터 등장합니다). 그래프의 수직축에서는 세계 각국의 1인당 에너지 사용량을, 수평축에서는 인구밀도를 비교했습니다. 각 나라를 나타내는 크고 작은 점의 크기로 국토 면적을 표시했습니다. 이 그래프를 보면 각국의 인구

밀도와 1인당 에너지 소비량이 다양하게 분포합니다.

그래프의 왼쪽 위에는 국토가 매우 넓고 인구밀도는 매우 낮은 나라들이 있습니다. 1인당 에너지 소비량이 200~300인 캐나다, 오스트레일리아 등입니다. 우리나라는 어디에 있을까요? 오른쪽 위에 있습니다. 2020년 현재 우리나라의 인구밀도는 제곱킬로미터당 약 520명으로 그래프보다 조금 더 늘었고, 국토 면적당 소비하는 에너지 사용량도 늘어나 3.5W/m^2 정도로 세계 최고 수준입니다. 이 그래프에서 중요한 것은 왼쪽 위에서 오른쪽 아래로 내려오는 사선입니다. 이 선은 단위 국토 면적당 동일한 에너지 소비량 값을 연결한 것입니다. 우리나라는 1m^2당 1W(1W/m^2)를 나타내는 분홍색 사선과 10W/m^2 사선 사이에 자리하고 있습니다.

이 그래프는 재생에너지 생산에는 국토 면적이 중요하다는 점을 보여줍니다. 재생에너지의 단점은 많은 땅이 필요하다는 것입니다. 예컨대 유채꽃 등은 재생에너지 중 한때 크게 유행한 바이오에너지를 생산할 수 있는 에너지 작물입니다. 바이오 작물의 생산성은 0.5W/m^2입니다. 풍력은 2.5W/m^2, 태양광은 5~20W/m^2입니다. 우리나라의 국토 면적당 에너지 소비량은 3.5W/m^2이기 때문에, 면적당 에너지 생산성이 2.5W/m^2인 풍력발전소를 나라 전체에 촘촘히 설치하더라도 전 국민이 사용하는 에너지를 생산하는 것은 불가능합니다. 태양광 패널은 바이오 작물이나 풍력보다는 효율이 높지만, 모든 전력을 충당하려면 태양광발전 설비를 국토의 최소 20~50퍼센트에 뒤덮어야 합니다.

에너지 저장의 어려움

재생에너지는 전력을 일정하게 생산하지는 못하는 간헐성이 있습니다. 이 때문에 아직까지는 주 발전원이 되기 어렵습니다. 재생에너지는 전기가 많이 생산될 때 전기를 모아서 저장했다가 필요할 때 보내야 합니다. 태양광발전을 예로 들면 낮에 많이 생산한 전기를 배터리에 저장했다가 밤에 내보내는 것입니다.

그러기 위해서는 에너지 저장 장치Energy Storage System, ESS를 이용해야 합니다. 따라서 이차전지, 즉 배터리 같은 다양한 방식의 에너지 저장 시스템이 개발되고 있습니다. 대표적인 전력 저장 장치는 노트북, 스마트폰 등은 물론 전기자동차에 사용되는 리튬이온 배터리입니다. 리튬이온 배터리는 설치하기 쉽고, 필요한 만큼 많은 양을 모을 수 있어서 재생에너지에 연결하여 전력을 저장하는 에너지 저장 장치로 적절합니다. 다만 가격이 비싸서 설치에 막대한 비용이 들어갑니다.

전기에너지를 물리적 에너지로 바꾸어 저장하는 방법도 있습니다. 대표적인 예가 양수발전입니다. 남는 전기를 이용하여 강물을 높은 곳의 저수지로 끌어올려 저장해두고 전력 수요가 많을 때 흘려보내면서 수력발전을 하는 방식입니다. 양수'발전'이라고 부르지만 전기에너지를 물의 위치에너지로 바꿔 저장하는 에너지 저장 장치에 해당합니다. 우리나라에서도 이미 과거부터 남는 전력을 보관하는 방법으로 이용했습니다. 1980년 준공한 청평 양수발전소 등을 운영하고 있지만, 양수발전은 설치할 수 있는 곳이 적고 건설 비용이 높아서 재생에너지 저장에 적용하기는 어렵습니다.

에너지 저장 장치의 문제는 초기 투자 비용이 천문학적이라는 것입니다. 우리나라 정부가 2021년 발표한 '2050 탄소 중립안'은 2050년 태양광·풍력 전력 비율 목표를 최고 70.8퍼센트로 정한 시나리오를 제시했습니다. 이 탄소 중립안에 포함된 전력 저장 장치를 구축하려면 787조~1,248조 원이 들 것이라고 합니다. 뿐만 아니라 설치를 위해 필요한 땅도 여의도 면적의 70배에 달한다고 합니다. 이 공간은 태양광 패널이나 풍력발전소 설치를 위한 땅과는 별개로 필요합니다. 이처럼 에너지 저장 장치 구축의 두 가지 주요 문제점인 초기 투자 비용과 필요 면적은 우리나라가 재생에너지 중심의 미래로 나아가는 길에 장애물이 되고 있습니다.

발전 설비뿐 아니라 송전망도 새로 설치해야 한다?

우리나라는 국토 면적이 좁은 것도 문제지만, 재생에너지 발전 설비를 세울 땅을 구입하는 비용 문제도 만만치 않습니다. 부지 위치에 따라 재생에너지 발전량, 설치 비용이 다르고 사업성도 크게 달라지기 때문에 결국 사업의 성패를 가르는 중요한 변수가 됩니다. 최적의 조건은 햇빛이 잘 들고 가격도 저렴한 곳입니다.

세계 여러 나라와 비교하면 우리나라에서 재생에너지 설비를 세우는 비용은 상당히 높습니다. 블룸버그 뉴에너지 파이낸스BNEF의 조사에 따르면 2022년 기준 우리나라 태양광 설비의 메가와트MW당 비용은 1,100만~1억 4,300만 달러로, 해외의 50만~100만 달러보다 높습니다. 육상 풍력 또한 비슷합니다.

태양광발전소와 풍력발전소는 땅값이나 자연조건을 고려하여 대체로 도시나 공단 같은 주요 전력 소비 지역에서 상당히 먼 곳에 설치됩니다. 전력을 생산하는 곳과 소비하는 장소가 떨어져 있으므로, 결과적으로 전기 송·배전망을 설치하고 유지보수하는 데도 많은 비용이 듭니다.

또한 우리나라는 재생에너지 확산을 위한 전력망 문제가 더욱 복잡합니다. 현재 한국전력공사가 송·배전 사업을 하고 있으니 재생에너지를 위한 송전망을 설치하는 비용을 부담해야 합니다. 하지만 장기적으로 보면 이 비용 부담은 결국 국민과 정부에 넘어옵니다.

지금까지 우리나라는 지역 내에서 전력을 생산하여 해당 지역의 수요에 맞추고 있습니다. 예를 들면 서울을 포함한 수도권은 인천이나 충남 서해안 지역에서 생산된 전력을 대부분 사용합니다. 그런데 재생에너지는 다릅니다. 현재 진행되는 재생에너지 사업을 살펴보면 2034년까지 재생에너지 대부분이 호남 지역에서 생산될 예정인데, 실질적 수요처인 수도권까지 송전선을 연결할 필요가 있습니다. 장거리 송전망을 위한 철탑 건설은 환경과 건강에 미치는 영향을 우려하는 지역사회의 반대에 자주 부딪힙니다.

한편 제주도는 재생에너지 출력 제한이란 복병을 만났습니다. 발전량이 전력 수요를 초과할 때 적절하게 차단하지 않으면 대규모 정전 사태가 일어날 수 있습니다. 출력 제한은 태양광 · 풍력발전을 일시적으로 중단하는 조치입니다. 전력거래소 데이터에 따르면 2022년 제주도의 출력 제한 횟수는 132건으로 2018년의 15건에 비해 심각하게 증가했습니다.

특히 전력 수요가 상대적으로 낮은 봄과 가을에 태양광 · 풍력 발전의 출력 제한이 자주 발생합니다. 2030년 제주도 재생에너지 출력 제한은 약 179일에 달할 것으로 예측되는데, 최대 발전량의 40퍼센트가량이 사용되지 못하고 버려진다는 의미입니다.

이를 막기 위해서는 에너지 저장 장치가 필수적이지만 가격이 비싸서 아직 적극 도입되지 못하고 있습니다. 현재 출력 제한은 제주도만의 문제이지만, 앞으로 전국적으로 재생에너지를 확대하려면 반드시 해결해야 할 과제입니다.

재생에너지 발전 설비가 확대되어도 송전망이 충분하지 않으면 출력 제한이 불가피합니다. 우리나라는 일조량이 많고 바람이 잘 부는 전남, 전북, 강원 등 특정 지역에 재생에너지 발전이 집중되어 있어서 지역에 따른 편차가 큽니다. 재생에너지 설비에서 생산한 전력을 수도권으로 보내기 위한 송전망을 제대로 확대하지 못하는 것이 여기서도 문제가 됩니다. 출력 제한이라는 제주도의 현재 상황은 우리나라 재생에너지의 미래에 중요한 교훈을 줍니다.

한국의 재생에너지, 어느 정도가 적당한가

그렇다면 우리에게 남은 대안은 무엇일까요? 우리나라에서 직접 통제할 수 있는 저탄소 에너지원으로의 전환일 것입니다.

태양광과 풍력 같은 재생에너지는 화석연료 수입도, 이산화탄소 배출도 없어 에너지 안보와 환경 측면에서 유리합니다. 그러나 우리나라는 재생 가능 에너지 비중을 크게 높이기 어렵습니다. 따라서 온실가스와 공해 물질을 거의 배출하지 않고, 연료를 캐나다와 오스트레일리아처럼 외교적으로 안정된 국가들로부터 수입하는 원자력발전도 늘릴 필요가 있습니다. 하지만 방사능 누출의 위험성과 사용 후 핵연료 처리 문제로 인해 많은 이가 원자력발전을 꺼리고 있습니다.

이제 우리나라는 경제성장 대비 에너지 소비 증가율이 높지 않기 때문에 전력 수요가 크게 증가하지 않을 것입니다. 따라서 앞으로 수명이 다한 화력발전소를 점차 폐쇄하면 자연히 비중이 줄어들 것입니다.

우리나라의 에너지 수요를 충족하고 온실가스 배출을 줄이며 경제성장을 촉진하려면 재생에너지와 비재생에너지를 조화롭게 구성해야 합니다. 2050년까지 재생에너지와 비재생에너지의 비율을 50 대 50으로 설정하는 것이 우리나라에 가장 적합합니다.

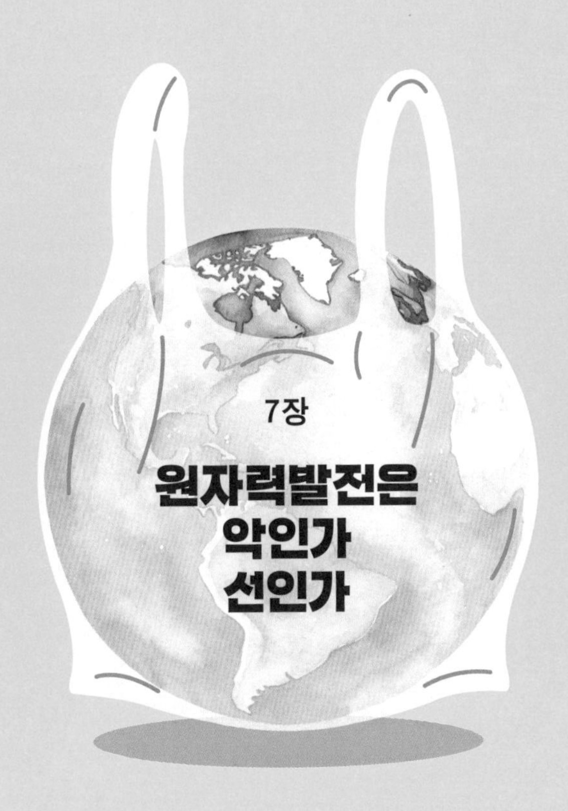

7장

원자력발전은 악인가 선인가

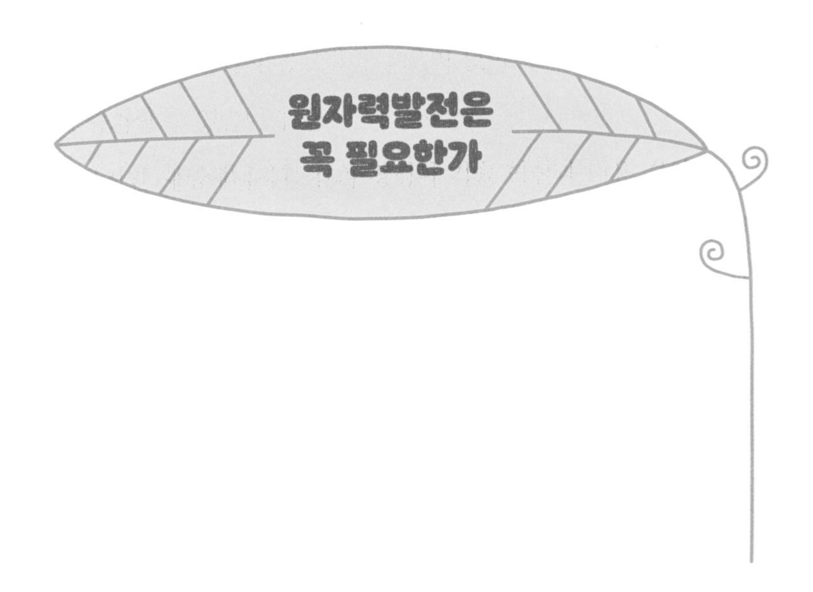

원자력발전은 꼭 필요한가

원자력발전은 중단되어야 한다?

원자력발전은 우라늄 등의 원자핵의 분열 반응을 조절하여 만든 열로 물을 끓여서 증기를 생성하고 그 증기로 터빈을 돌려 전기를 생산하는 방법입니다. 원리만 보면 석탄, 석유 같은 화석연료를 태워 증기를 만드는 화력발전과 유사하지만 이산화탄소를 배출하지 않으므로 환경친화적이라고 할 수 있습니다. 원자력발전은 우라늄 1그램으로 석탄 3톤에 맞먹는 에너지를 생산할 수 있을 정도로 무척 효율적입니다.

우리나라는 1954년 미국의 지원을 받아 원자력발전을 연구하기 시작했고, 1978년 아시아에서 세 번째, 전 세계에서는 21번째로 고리 1호기로 전력을 생산하기 시작했습니다. 현재는 부산, 경

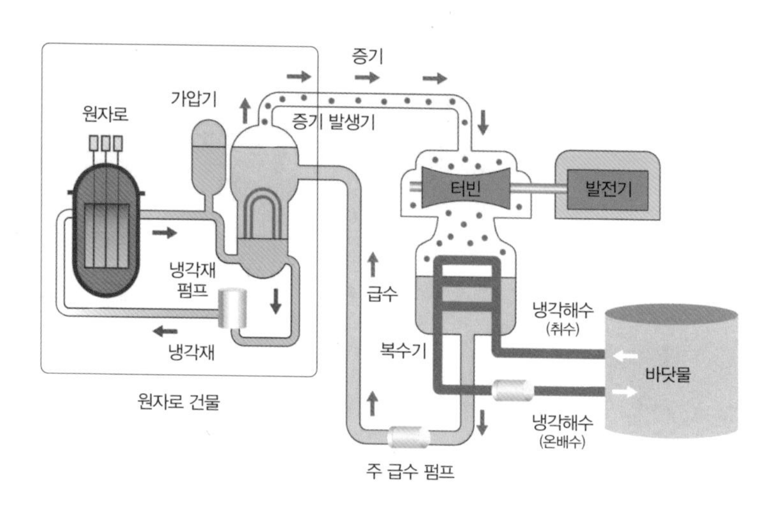

원자력발전의 원리

주, 울진, 영광 네 곳에 총 25기의 원전을 운영하고 있으며, 독자적 원전 기술을 세계에 수출하는 원전 강국입니다.

그러나 우리나라에서는 원자력발전소 사고에 대한 공포와 핵폐기물 처리 문제 등으로 인해 원전 지지 여론과 '탈원전' 여론이 팽팽하게 대립해왔습니다.

탈원전脫原電이란 원자력발전을 단계적으로 줄여 종료시키는 것을 목표로 하는 정책입니다. 현재의 원자력발전소 운영을 중단하고 새로 건설하지 않으며, 시설을 점차 폐기하자는 것입니다.

물론 원자력발전에 대한 반대가 최근 시작된 것은 아닙니다. 1956년 영국에서 최초로 상업용 원자력발전소를 가동하기 시작했을 때부터 방사능 유출 같은 환경문제를 근거로 반대하는 주장이 꾸준히 제기되었습니다. 특히 1986년 구소련의 체르노빌 원자력발전소 사고, 2011년 동일본 대지진과 쓰나미에 이어 발생한 후쿠시마 원자력발전소 사고는 우리나라를 비롯해 일본, 독일 등 각국이 탈원전 정책을 채택하는 계기가 되었습니다.

원자력발전을 폐기해야 한다는 주장의 근거로는 두 가지가 거론됩니다.

첫 번째는 원자력발전소에서 발생할 수 있는 사고와 그로 인한 방사성물질 누출에 대한 우려입니다. 후쿠시마 원자력발전소 사고 후 일본 정부가 발생 지역 반경 20킬로미터 이내의 주민들을 강제로 이주시킨 이유도 이러한 우려 때문입니다. 사고는 출력 제어 실패, 노심 붕괴, 지진 같은 다양한 원인으로 발생하는데, 아무리 예방 기술을 갖췄다고 해도 자연재해 때문에 일어나는 사고는 막을 수 없으므로 완벽한 안전을 보장할 수 없다는 주장입니다.

두 번째는 핵폐기물 처리 문제입니다. 원자력발전소에서 보통 1년마다 교체하는 사용 후 핵연료는 방사능을 배출합니다. 우리나라가 사용 후 핵연료 폐기물을 보관하고 있는 저장소가 2025년이면 포화 상태에 이른다고 합니다. 이처럼 핵폐기물 처리 기술이 아직 불완전한 상황에서 원자력발전소를 계속 가동하는 것은 옳지 않다는 것이 탈원전론자들의 주장입니다.

원자력발전은 기후위기 시대의 핵심이다?

기후위기 시대에 에너지 문제는 그 어느 때보다 중요한 주제입니다. 그 중심에는 원자력발전이 있습니다.

한국에너지정보문화재단이 실시한 '에너지 국민 인식 조사'에 따르면 응답자의 75.6퍼센트가 '우리나라 에너지 상황에서 원전이 필요하다'라고 응답했습니다. '우리나라 원전은 안전하다'라고 생각하는 비율도 66.1퍼센트에 달했고, 원전 수명 연장을 찬성한다는 의견도 70.6퍼센트나 됩니다. 원전을 늘리겠다는 정책을 지지하는 목소리가 훨씬 많다는 뜻입니다. 한편 '어떤 에너지가 적절한가?'라는 질문에는 많은 이가 '원자력과 신재생에너지를 균형 있게 확대해야 한다'라고 답했습니다.

많은 사람이 원자력발전을 선호하는 이유는 효율성이 뛰어나기 때문입니다. 우리나라는 2021년 현재 13개 단지에 총 57기의 석탄 화력발전소가 있습니다. 석탄 화력발전의 발전량은 연간 246테라와트시TWh이고 비율은 약 41.9퍼센트며, 소비하는 석탄의 총량은 연간 약 652만 톤입니다. 반면 가동 중인 23개의 원자력발전소는 전체 발전량의 29.6퍼센트인 176테라와트시를 발전하며, 소비하는 우라늄의 양은 연간 500톤 정도입니다.

계산해보면 동일한 양의 전력을 생산하기 위해서는 석탄을 우라늄의 약 1만 배나 투입해야 합니다. 따라서 전력을 생산하는 데 드는 비용을 비교해도 다른 에너지원이 원자력발전을 따라오

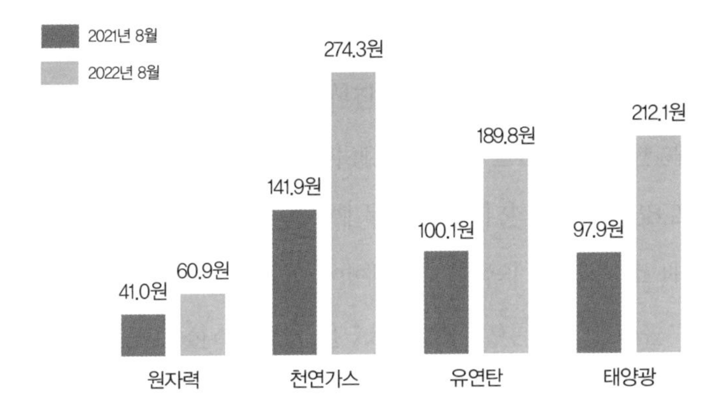

발전원별 1킬로와트시 발전 단가 추이. 출처: 전력거래소

기 힘듭니다. 2022년 기준 원자력발전의 단가는 1킬로와트시에 60.9원으로, 유연탄, 천연가스, 태양광의 3분의 1 이하입니다. 무엇보다도 원자력발전은 이산화탄소를 배출하지 않기 때문에 기후위기 대응에 적합합니다.

앞으로 재생에너지가 원자력발전의 효율성과 안정성을 뛰어넘으면 원자력발전에 집착할 이유가 없어질 것입니다. 원전 반대론자들은 재생에너지로 원전 대부분을 대체할 수 있다고 주장합니다.

하지만 태양광이나 풍력은 원자력을 대체하기에는 아직 매우 부족합니다. 변동성이 큰 재생에너지 발전을 믿고 기반 전력을 맡길 수는 없습니다. 전문가들에 따르면 국토 면적이 좁고 인구가 많은 우리나라는 태양광 등 설치 면적이 많이 필요한 재생에너지 비율을 일정 수준, 예를 들면 20퍼센트 이상으로 끌어올리기 어렵습니다. 기후위기를 가져오는 이산화탄소 배출과 대기오염 문제가 큰 석탄 화력발전을 줄이려면 천연가스로 전기를 생산하면 될까요? 발전 비용이 비싸고 연료 가격의 변동도 크며 공급도 불안정한 천연가스에 의존하기도 힘듭니다.

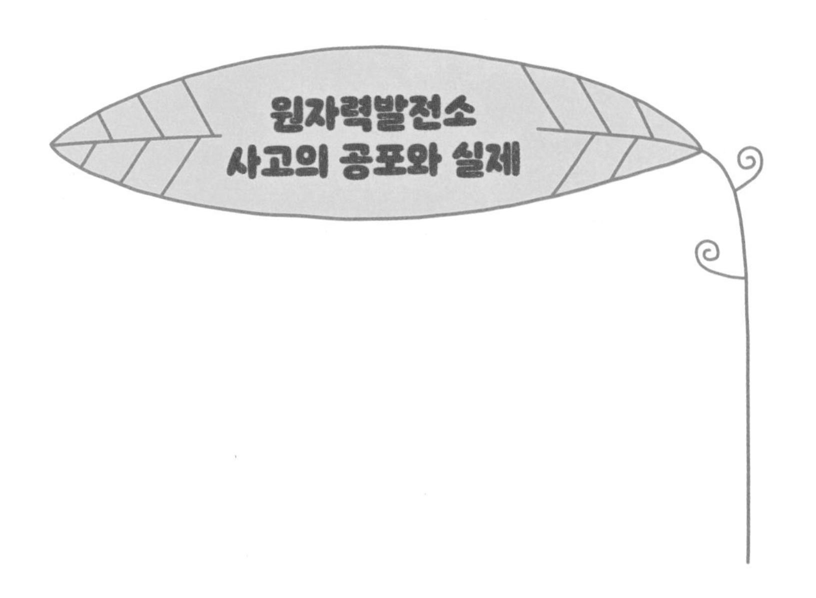

원자력발전소 사고의 공포와 실제

"체르노빌 사고로 인한 사망자 수가 수천 명이며 피해자는 수십만 명이 넘는다."

한 텔레비전 방송에서 나온 발언입니다. 이를 사실이 아니라고 주장하는 사람들이 방송통신심의위원회에 심의를 신청하여 논란이 일기도 했습니다.

2017년에는 '2011년 일본 후쿠시마 원전 사고로 5년 동안 1,368명이 사망했다'라는 우리나라 전 대통령의 발언에 관해 원자력계와 일부 언론이 방사능 사망 사례를 과장했다며 비판했습니다.

체르노빌과 후쿠시마의 원자력발전소 사고에 관한 이러한 발언들은 사실일까요 아닐까요?

체르노빌 원전 사고, 참혹한 기록

1986년 4월 26일 지금의 우크라이나에 있는 체르노빌 원자력 발전소에서 원자로가 폭발하여 방사능이 유출되었습니다. 이 사고가 원자력발전소의 안전(!)에 관해 실험하다가 일어났다는 사실이 아이러니합니다. 원자력발전소의 냉각장치는 사고로 원자로를 통한 발전이 중단되더라도 절대 멈추지 않도록 외부에서 전원을 공급받습니다. 외부로부터 전원이 공급되지 않으면 비상 발전 전원이 들어오게 됩니다. 체르노빌 원전의 실험은 원자로가 꺼지고 비상 발전 전원이 들어오기까지 터빈의 관성력으로 전력을 얼마나 오래 공급할 수 있는지를 알아보려던 것이었습니다.

안전장치를 끈 상태에서 실험을 시작했는데, 실험 조작자가 제어봉을 반대 방향으로 조작하는 실수를 한 데다 흑연 감속 원자로인 체르노빌 원자로 자체의 설계 결함까지 겹쳐서 통제할 수 없는 연쇄반응이 일어나 원자로 대폭발로 이어졌습니다. 구소련 정부가 비밀을 유지하는 데 급급해서 사고 대응이 지연되었고, 유출된 방사성물질이 주변의 벨라루스, 러시아 등에도 떨어져 광범위한 피해가 일어난 최악의 원자력 사고가 되었습니다.

전문가들의 체르노빌 사고 평가

체르노빌 원전 사고 이후의 영향을 평가하기 위해 다양한 전문가와 연구 기관이 연구해왔습니다. 이 중 유엔 원자력 방사선의 영향에 관한 과학 위원회UNSCEAR는 중요한 연구 결과들을 발표해왔습니다. 연구에 따르면 체르노빌 사고가 직접적으로 건강에 일으킨 문제는 주로 갑상샘암인데, 대부분 사고 당시 어린이였던 사람들에게서 발견되었습니다. 국제방사선방호위원회ICRP의 아벨 곤잘레스Abel Gonzalez 교수는 체르노빌 사고 당시의 방사성 요오드에 관한 문제를 언급하며, 당시에는 방사성 요오드에 오염된 우유를 마시지 말라는 경고가 없었다고 지적했습니다. 그래서 방사성 요오드에 오염된 우유를 먹은 체르노빌 근처 지역의 많은 어린이가 갑상샘암에 걸렸습니다. 대부분은 완치되었지만 소수의 사망자가 결국 생겼습니다.

전문가들에 따르면 갑상샘암 이외에는 방사선의 영향이 다른 형태로 나타나지 않았다고 합니다. 체르노빌 조직은행은 체르노빌 사고로 인해 어릴 때 방사성 요오드에 노출된 환자들의 생체조직을 보존하고 연구하는 기관입니다. 책임자인 게리 토머스Gerry Thomas 교수는 인터뷰에서 체르노빌 사고 이후 핵에너지 사용에 대한 생각이 달라졌다고 밝혔습니다. 이전에는 핵에너지 사용에 반대했는데, 체르노빌 사고에 의한 방사선 노출을 연구하면서 핵에너지 사용의 위험이 과장되었다고 생각하게 되었다고 합니다.

체르노빌 사고로 인한 방사선량에 대해서도 우려가 제기되고 있지만, 이 수치는 자연 방사선에 의한 노출량과 비교했을 때 낮은 수준입니다. 예를 들어 체르노빌 원전 주변에서 20년간 노출된 방사선량은 대략 9밀리시버트mSv였으며, 이는 일부 지역에서 자연적으로 받는 방사선량과 비교하여 높지 않은 수치입니다.

이러한 연구 결과와 전문가들의 인터뷰는 체르노빌 사고와 관련된 공포가 일부 과장되었음을 시사합니다. 물론 핵에너지의 안전성에 대한 우려는 중요한 문제이며, 안전을 지키기 위한 연구와 노력은 계속되어야 합니다.

실제 후쿠시마 원전 사고는 어땠나

후쿠시마 제1 원자력발전소 사고가 발생한 후 일본 정부는 방사능 오염을 우려해 주변 20킬로미터 지역을 거주 금지 구역으로 지정했습니다. 전 세계 사람들의 마음을 무겁게 한 이 사고로 일본 국민, 특히 원전 근로자들의 건강에 대한 우려가 제기됐습니다.

그러나 토머스 교수는 후쿠시마 원전 인근 지역 주민들이 방사능에 오염되거나 지속적인 영향을 받지는 않을 것으로 예상한다고 밝혔습니다. 체르노빌 사고 당시에는 방사능에 오염된 우유 때문에 어린이들의 갑상샘암 발병률이 높아졌는데, 오염된 우유를 금지하는 조치가 취해진 후쿠시마 사고에서는 갑상샘암 발병 문제가 크지 않을 것으로 예상됩니다.

또한 후쿠시마 사고 처리 과정에서는 근로자들이 적절한 보호복을 입었고 주기적으로 방사선 노출을 점검하는 등 관리가 적절하게 이루어졌습니다. 실제로 후쿠시마 원전의 근로자 중 방사선으로 사망한 사람은 없었습니다. 전문가들은 후쿠시마 원전 근로자들이 방사선에 노출된 정도가 체르노빌 사고 때에 비해 적었기 때문에 장기적인 건강 문제로 고생하지는 않으리라고 예측합니다.

원자력발전에 대한 공포의 실체

그럼 원자력발전은 반드시 제거해야 하는 '악'일까요? 아니면 기후변화 대응을 위해 오히려 크게 도움을 줄 '선'일까요?

2019년 세계적 학술지 《사이언스》에는 온실가스 배출이 적은 에너지원인 원자력발전이 기후변화에 대응하는 가장 현실적인 방법 중 하나라는 글이 실렸습니다. 심지어 원자력발전에 반대하던 미국의 '우려하는 과학자 연맹Union of Concerned Scientists'도 원자력발전의 중요성을 인정하며, 기후변화에 효과적으로 대응하기 위해서는 원자력발전소를 지원해야 한다는 입장을 발표했습니다.

21세기 초 우리나라에서는 원자력발전을 둘러싼 대립이 첨예

합니다. 한쪽에서는 원자력발전소를 재앙 수준으로 혐오하며 강력히 반대하는 반면 다른 쪽에서는 인류에게 필수적인 에너지 공급원이므로 원자력발전이 필요하다고 역설합니다.

원자력발전소에 대한 논쟁은 합리성이 사라진 지 오래입니다. 특히 방사선에 대한 과도한 공포가 여론을 비합리적으로 형성합니다. 핵폭탄, 체르노빌 사고, 후쿠시마 사고 등으로 인해 우리 사회에는 원자력발전과 방사선에 대한 막연한 공포가 자리 잡았습니다. 이 공포는 방사선의 위험성을 지나치게 부풀리며, 원자력발전은 '통제할 수 없는 위험'이라는 성급한 결론을 내리게 합니다.

합리적으로 판단하기 위해서는 과학적 태도가 필수적입니다. 과학적 태도의 핵심은 어떤 주장도 과학적 사실과 다를 수 있다는 오류의 가능성을 열린 마음으로 받아들이는 것입니다. 이는 과거의 통념과 일치하지 않는 새로운 근거에 대해서도 마음을 열어야 한다는 의미입니다.

다양한 발전 방식 각각의 위험도는 어느 정도일까요. 주요 에너지원별 사망자 수 통계를 살펴보면 석탄 화력발전은 단위 에너지 생산량TWh당 사망자가 24.62명입니다. 물론 여기에는 에너지 생산 과정의 사고, 대기오염 등 2차 요인에 의한 사망자가 모두 포함됩니다. 가스발전의 사망자 수는 2.82명으로 크게 적습니다. 원자력발전의 사망자는 0.07명에 불과합니다. 심지어 이 수치는 체르노빌 사고와 후쿠시마 사고의 사망자를 포함하여 계산한 것입니다.

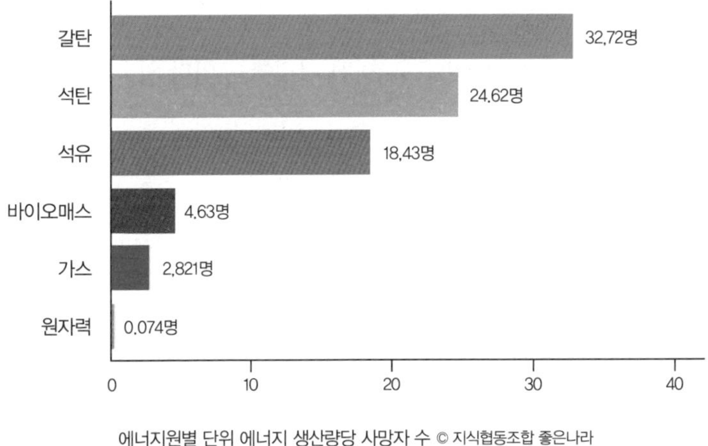

에너지원별 단위 에너지 생산량당 사망자 수 © 지식협동조합 좋은나라

따라서 우리나라의 연간 전기 소비량 약 500테라와트시(2016년 기준)를 화력발전으로 충당할 때 매년 약 1만 2,310명의 사망자가 발생한다고 추정할 수 있습니다. 모두 원자력발전으로 전환했다고 가정하고 계산하면 사망자 수를 35명으로 대폭 줄일 수 있다는 결론이 나옵니다. 화력발전에 관한 수치의 300분의 1 수준입니다.

원자력발전에 대한 극단적 대립의 해법

많은 사람이 담배를 피우고, 위험한(?) 차를 운전하고, 일상적으로 과식을 하면서도 원자력발전소 근처에 살기는 꺼립니다. 원자력발전에 대한 막연한 두려움은 잘못된 위험 인식의 전형적인 사레입니다. 사실 위험에 대한 우리의 인식은 매우 주관적입니다. 문화적 배경에 따라서도 다르고, 어떤 위험에는 이미 익숙해져 있기도 합니다. 예를 들어 우리는 엑스선 촬영의 방사선 노출은 받아들이지만 원자력발전은 위험하다고 생각합니다.

이러한 차이는 위험을 자발적으로 선택하느냐 아니면 통제를 벗어난 것으로 느끼느냐에 따라 달라집니다. 테러에 대한 두려움과 운전 같은 일상적 활동과의 차이는 물론, 위험을 감수하고 번지 점프를 하거나 스릴 넘치는 놀이기구를 타는 우리의 태도는 이러한 차이를 보여줍니다. 교통사고의 위험은 수용하면서 매일 운전하지만, 원자력발전소 사고처럼 흔치 않은 위험은 비자발적이기 때문에 훨씬 더 큰 두려움을 느낍니다. 이 두려움을 과장하고 부추기는 언론 매체들도 우리의 위험 인식에 큰 영향을 미칩니다.

원자력발전에 관한 막연한 불안감과 두려움을 해결하기 위해서는 어떻게 해야 할까요?

우선 원자력발전소에 관한 정보를 투명하게 공개해야 합니다. 원자력발전의 작동 원리, 안전성, 관련 위험, 그리고 이득을 명확하게 이해할 수 있도록 정보를 투명하게 공개할 때 사람들이 더욱 합리적인 결정을 내릴 수 있습니다.

또한 원자력발전소가 위치한 지역의 주민들이 발전소에 관한 의사 결정 과정에 참여할 수 있어야 합니다. 의견이 반영되고 있다고 느끼면 사람들이 상황을 더 긍정적으로 받아들일 수 있습니다. 원자력발전소 주변 지역사회에 경제적 혜택을 제공하여, 위험만

이 아니라 이익도 함께 나누는 방식을 도입해야 합니다. 발전소 주변 지역의 세금 감면, 지역 발전 기금 설립, 고용 창출 등을 생각해 볼 수 있습니다.

또한 원자력발전에 대한 긍정적 인식을 위해 교육 과정에 원자력에 관한 과학 지식과 안전 교육을 포함하는 방안 외에 방송 다큐멘터리, 원자력발전소 방문 프로그램 등을 통해 원자력발전의 안전성과 중요성에 대한 이해를 높일 수 있습니다.

원자력은 전 세계의 에너지 수급과 기후위기 대응에서 잠재력이 큽니다. 다만 잠재력을 제대로 활용할 수 있을지 여부는 방사선에 대한 막연한 공포를 바꾸고 원자력을 온전히 이해하는 데 달려 있습니다. 원전 사고와 방사선의 영향에 대해 널리 퍼진 잘못된 뉴스를 바로잡기 위한 정부와 과학자, 산업계의 노력도 필요합니다.

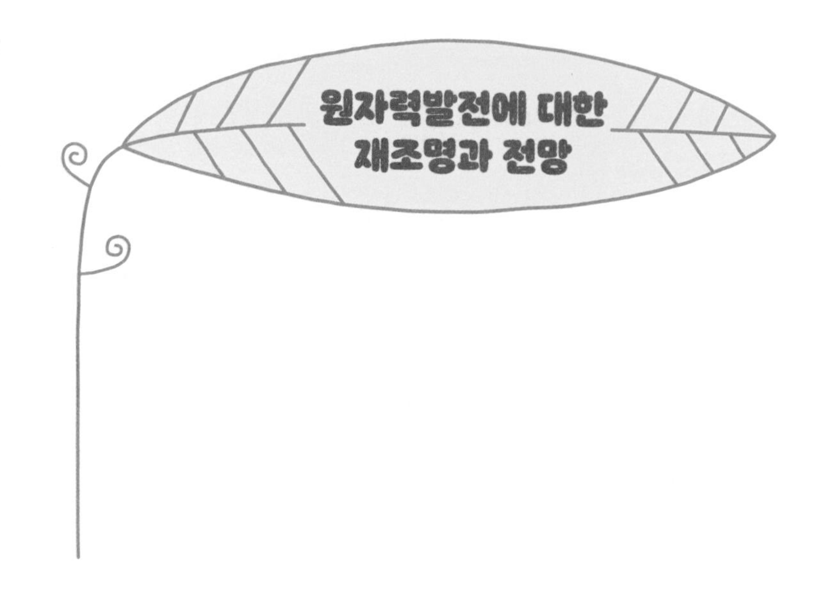

기후변화 대응의 파트너?

현재 기후변화와 글로벌 에너지 위기에 대응하기 위해 많은 국가가 원자력발전에 대한 입장을 재검토하고 있습니다. 특히 러시아의 우크라이나 침공 이후 발생한 에너지 위기는 탄소 배출량을 줄이려는 국가들에 원자력발전의 중요성을 다시금 인식시켰습니다. 독일을 비롯한 여러 나라가 노후 원전의 수명을 연장하고 신규 원전 건설에도 적극 나서고 있습니다.

《월 스트리트 저널Wall Street Journal》은 2022년에 "원자력발전의 세계적 재부상"이라는 기사를 통해 이러한 변화를 전했습니다. 특히 미국의 분위기가 최근 급변하고 있습니다. 사고 위험이 있는 원전을 가동할 필요가 없다며 총 13기의 원전을 폐쇄했지만 이제

원전에 대한 인식이 바뀌었습니다. 조 바이든 대통령이 서명한 인플레이션감축법IRA에는 원전 가동에 대한 감세 혜택이 포함되었습니다.

유럽 또한 변화에 동참하고 있습니다. 독일은 원전 가동을 연장하기로 했고, 벨기에는 2025년 폐쇄할 예정이던 원전 두 기를 2036년까지 연장 가동하기로 했습니다. 프랑스는 이미 에너지 생산량의 70퍼센트를 원전에 의존하고 있으며, 2050년까지 14기의 원전을 새로 건설할 계획입니다. 영국 역시 2020년 16퍼센트였던 원전 전력 생산량 비중을 2050년까지 25퍼센트로 끌어올릴 계획입니다. 후쿠시마 원전 사고 이후 원전 건설에 신중했던 일본도 새로운 안전 메커니즘을 도입한 차세대 혁신 원자로 개발과 건설을 검토하고 있습니다.

유엔기후변화협약UNFCCC에서 정한 '2050년 탄소 중립' 목표를 달성하기 위해서는 이산화탄소를 거의 배출하지 않는 원자력발전에 의존할 수밖에 없습니다. 원전 수명 연장에 초점을 맞추면 적은 비용으로 높은 효과를 볼 수 있습니다. 이 전략에는 기존 원전의 안정성을 유지하면서 신규 원전을 건설하는 것이 더 효과적이라는 계산이 깔려 있습니다. 국제에너지기구IEA의 보고서도 '원전 수명 연장이 2050년 탄소 배출량을 '제로'로 만드는 비용을 줄이는 방법일 수 있다'라고 평가하고 있습니다.

원자력발전의 잠재력과 한계

기후변화에 대응하기 위한 전 세계적인 노력이 가속화되면서 저탄소 에너지원의 개발과 활용이 절실해지고 있습니다. 이러한 맥락에서 재생 가능 에너지, 원자력발전, 탄소 포집 및 저장CCS 기술과 같은 다양한 저탄소 기술이 주목받고 있습니다. 각 기술의 장점과 한계를 고려할 때 가장 효과적인 접근법은 이들 기술을 혼합하여 시너지를 창출하는 것입니다.

우리나라는 러시아-우크라이나 전쟁 이후 국제 정세가 변화함에 따라 재생에너지 확대 및 원자력 축소 계획을 재고하고, 에너지 정책의 방향을 원자력 중심으로 전환했습니다. 원자력과 재생에너지의 비중을 높이고, 수명이 다한 화력발전소를 단계적으로 폐쇄하는 방향으로 나아가고 있습니다.

원자력발전 자체는 이산화탄소를 배출하지 않지만, 원자력발전의 전체 주기를 들여다보면 핵연료인 우라늄 채광부터 운송, 그리고 처리 과정에서는 약간의 이산화탄소가 배출됩니다. 원자력발전소를 건설하는 과정에서도 마찬가지입니다. 그렇지만 화석연료 발전소와는 비교되지 않을 만큼 이산화탄소 배출량이 적습니다. 국제원자력기구IAEA에 따르면 우라늄 채광부터 가공, 핵연료 운반과 저장, 발전소 건설 및 해체에 이르는 전체 주기에서 발생하는 탄소 배출량은 석탄 화력발전소의 10분의 1 수준입니다. 태양광발전소나 풍력발전소도 자재를 생산하고 운송하여 건설하는 과정에서 이산화탄소가 배출됩니다.

원자력발전은 막대한 에너지를 생산할 수 있는 잠재력이 있지만, 처리하기 어렵고 비용이 많이 드는 방사성 폐기물 발생, 사고와 방사성물질 누출의 위험, 그리고 핵연료의 채광·농축·폐기 과정에서 환경에 미치는 영향 등 중요한 단점들이 있습니다.

원자력발전소의 가장 큰 고민거리는 방사성 폐기물입니다. 오염도에 따라 저준위·중준위·고준위 폐기물로 분류되는데, 특히 고준위 폐기물은 양은 적지만 방사선 대부분을 차지하여 위험합니다. 이상적인 처리 방법은 땅속 깊이 안전하게 묻는 것입니다.

현재 우리나라는 영광, 부산, 울산, 울진, 경주에 있는 원자력발전소에 고준위 폐기물을 보관하고 있습니다. 이제는 보관 장소가 포화 상태에 다다르고 있어 영구 처분장 건설에 관한 논의가 활발합니다. 세계적으로도 같은 고민을 하는 국가가 많으나 실제로 건설에 성공한 사례는 핀란드의 온칼로 처분장이 유일합니다.

고준위 방사성 폐기물 처리장 건설은 단순히 핵폐기물의 안전한 처리 문제를 넘어 장기적인 에너지 안보와 환경보호를 위한 지속 가능한 에너지 정책에서 피할 수 없는 선택입니다. 이러한 사실을 국민들이 받아들이도록 하기 위해서는 과학적 근거에 기반한 정보 제공과 투명한 소통, 지역사회와 상생하는 방안 모색, 안전성 확보를 위한 지속적인 노력이 필요합니다.

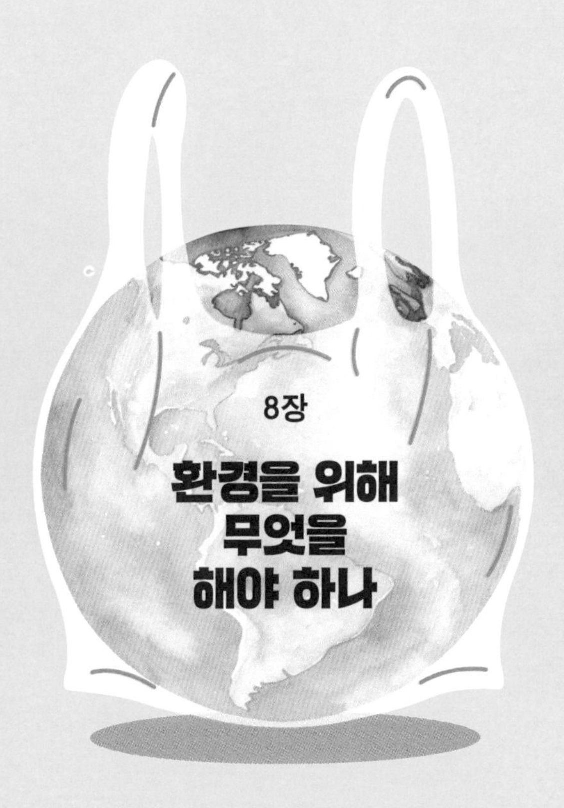

8장

환경을 위해 무엇을 해야 하나

친환경에 대한 진실과 거짓

친환경제품은 기존 제품의 자원 낭비, 환경오염, 폐기물 등을 최소화하도록 개발된 제품입니다. 재활용할 수 있는 재료를 사용하거나 에너지를 효율적으로 이용하는 등 다양한 형태로 만들어집니다. 일부 제품은 지속 가능한 자원인 대나무, 대마, 유기농 면 등으로 만들어지기도 합니다. 더 나아가 사용 후 생분해되거나 퇴비로 이용할 수 있어서 환경에 미치는 영향을 최소화합니다.

그럼 친환경제품은 실제로 환경친화적일까요? 여기에도 상반되는 주장이 맞서고 있습니다. 하나는 친환경제품이라는 것 모두가 거짓이란 주장입니다. 기업들이 해당 제품을 비싸게 팔아 수익을 챙기고 있을 뿐이고, 친환경제품을 구입하면 환경을 보호할 수 있다는 주장도 거짓말이라는 것입니다.

다른 하나는 친환경제품이 모두 거짓은 아니라는 주장입니다. 물론 일부 기업이 환경친화적 이미지를 만들기 위해 불필요하게 비싼 제품을 팔기도 하지만, 대부분의 친환경제품은 실제로 환경을 보호하는 데 큰 역할을 한다는 것입니다. 이러한 제품은 재생 가능한 에너지를 사용하거나 에너지 효율적이며, 재활용할 수 있다고 봅니다.

그럼 실제로는 어떨까요? 일부 친환경제품은 환경을 보호하지 않을 수도 있지만 대부분의 제품은 환경보호에 이로운 역할을 합니다. 따라서 소비자들은 친환경제품을 구매할 때 제품이 얼마나 친환경적인지에 대한 정보를 잘 파악해야 합니다. 또한 기업들도 친환경제품을 판매하면서 거짓 정보를 제공하지 않도록 규제를 지켜야 합니다.

많은 사람이 자신의 선택이 환경에 미치는 영향을 더 많이 의식하면서 친환경제품이 큰 인기를 얻고 있습니다. 그러나 일부의 거짓말에 속지 않는 것도 중요합니다.

친환경이란 주장에 주의해야 하는 이유

친환경제품이 지속 가능한 미래를 향한 긍정적인 발걸음처럼 보일 수 있지만, 친환경제품에 대한 주장은 신중하게 받아들일 필

친환경적으로 만들지 않은 제품을 친환경제품인 것처럼 과장하는 그린워싱 © Wikimedia Commons

요가 있습니다. 기업들의 주장을 액면 그대로 받아들이는 것을 주의해야 하는 이유는 무엇일까요?

첫 번째는 친환경적으로 보이도록 허위 또는 과장된 주장을 하는 '그린워싱' 때문입니다. 예를 들어 어떤 세제를 '천연 성분으로 만들었다'라고 주장하지만 실제로는 화학 성분이 대부분인 경우가 있습니다.

두 번째는 '숨겨진 환경 비용'이 있을 수 있기 때문입니다. 예를 들어 제품 생산 과정에서 에너지를 많이 소비하거나, 재료를 채취할 때 환경을 파괴할 수도 있습니다. 전기자동차는 운행할 때는 친환경적이지만, 충전에 사용되는 전력이 화석연료로 생산되었다면 실제로는 친환경적이라고 할 수 없습니다.

세 번째는 친환경 효과가 '제한된 범위'에만 존재할 수 있기 때문입니다. 제품이 친환경적이라고 마케팅하지만 생산과 운송, 폐기 등 모든 과정을 고려하면 제품의 환경 영향은 여전히 친환경적이지 않을 수 있습니다. 예를 들면 재활용 재료로 만든다는 제품의 운송에 사용되는 에너지와 자원이 기존 제품과 비슷한 환경오염과 폐기물을 유발하는 등 환경에 부정적 영향을 주는 경우가 많습니다. 재활용 플라스틱으로 만들어진 '에코 플라스틱' 제품을 전 세계로 운송하는 과정에서 배출되는 이산화탄소가 여전히 환경에 큰 부담을 초래하는 사례도 있습니다.

친환경 제품 선택 요령

친환경제품 대부분은 재생 가능 에너지를 사용하거나, 에너지 효율적이며, 재활용이 가능하고, 실제로 환경보호에 기여합니다.

하지만 친환경제품을 선택할 때는 정확한 정보를 확인할 필요가 있습니다. 소비자들은 환경에 미치는 영향을 고려하여 선택할 수 있도록 더 많은 정보를 제공받고, 거짓 정보에 속지 않도록 주의해야 합니다. 또한 정부는 기업이 친환경제품을 판매하며 거짓 정보를 제공하지 않도록 적절히 규제해야 합니다.

환경친화적 제품 여부를 확인하는 좋은 방법은 제품에 붙은 인증을 확인하는 것입니다. 인증은 에너지 효율, 지속 가능성 또는 배출량 감소 같은 특정 환경 표준을 충족하는 제품에 부여됩니다. 예를 들어 한국 유기농 인증은 농축산물이 유기농 방식으로 생산되었음을 보증합니다. 이 인증을 받은 채소들은 화학비료나 농약 대신 유기물 퇴비로 재배하고 자연적으로 해충을 관리했다는 것을 의미합니다. 또한 인증 축산물은 항생제, 성장 촉진제 없이 건강한 환경에서 자란 동물로부터 생산되었다는 의미입니다. 이 제품들은 소비자에게 친환경적인 동시에 농장과 자연 생태계에 좋은 영향을 줍니다. 이처럼 환경친화 관련 인증은 소비자들이 신뢰할 수 있는 중요한 역할을 합니다.

또 다른 방법은 정보를 직접 조사하는 것입니다. 제품 라벨 읽기, 기업의 환경 경영 조사 등이 포함됩니다. 웹사이트나 제품 라벨의 정보를 토대로 제품 생산 과정이나 유기농 인증 여부를 확인할 수도 있습니다.

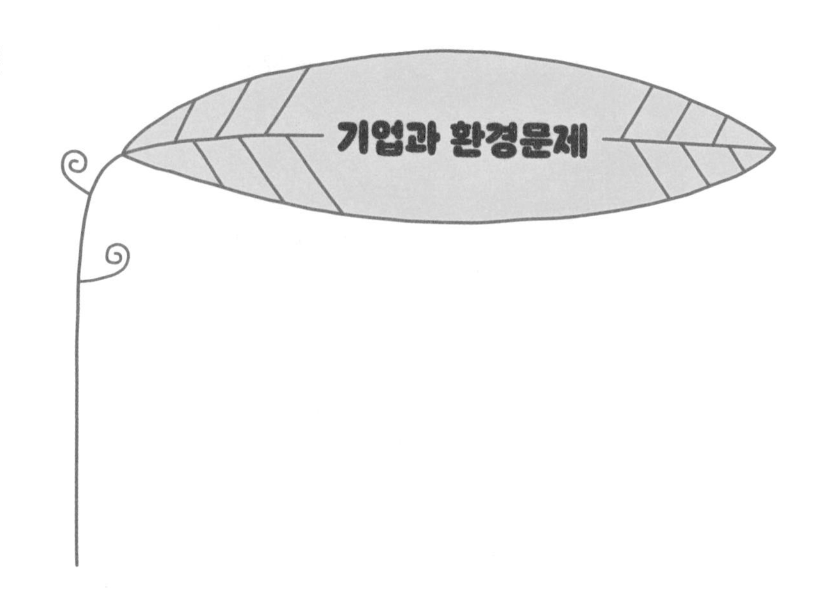

기업은 만악의 근원인가

이윤 극대화와 성장을 추구하는 기업의 활동은 자원 소비, 오염, 서식지 파괴 등을 초래했습니다. 특히 기업은 환경적 지속 가능성보다 이익을 우선시한다는 비난을 받아왔습니다.

화석연료 산업이 대표적 사례입니다. 지구온난화에 기여하는 온실가스를 배출하여 기후변화를 촉진하는 등 환경문제에 직접적인 영향을 미칩니다. 이 밖에도 많은 기업이 일회용 플라스틱 사용 같은 대량 폐기물 발생에 기여하며, 광업, 벌목, 농업 활동은 삼림 벌채, 수질 오염, 토양 악화의 원인이 됩니다.

이처럼 기업과 자본주의는 환경문제를 유발하고 악화시켰지만, 동시에 해결책을 추진하는 잠재력을 지니고 있습니다. 많은 기업이 지속 가능한 경영을 통해 환경문제에 대처하고 있습니다. 일부 기업은 재생 가능 에너지에 투자하고, 폐기물을 줄이며, 환경친화적 제품을 개발하는 등의 노력을 기울이고 있습니다. 탄소 발자국을 줄이기 위해 보다 효율적으로 자원을 사용하려고 노력하는 기업도 있습니다. 드론을 사용하여 삼림 남벌을 모니터링하는 활동도, 플라스틱 대체 신소재를 개발하여 환경문제 해결을 돕는 혁신적 기술을 채택하는 활동도 모두 기업이 하고 있습니다. 이러한 노력은 소비자의 행동을 변화시키고 환경적 지속 가능성을 촉진합니다.

물질 소비를 장려하는 자본주의 체제와 기업은 환경문제의 주요 원인 중 하나지만, 이 때문에 환경문제의 해결책을 찾지 못하는 것은 아닙니다. 사실 자본주의는 환경문제를 해결하는 데 강력한 힘으로 작용할 수 있습니다. 기업이 친환경 경영을 하도록 유도하려면 법적 규제와 더불어 시장에서 인센티브를 부여하고, 환경에 더 많이 신경 쓰도록 소비자들이 요구할 필요가 있습니다.

기업의 친환경 경영 사례

탄소배출권 가격 책정

기업이 기후위기 해결과 환경보호에 동참하도록 장려하는 효과적인 방법 중 하나는 탄소배출권 확대입니다. 이 제도는 기업의 탄

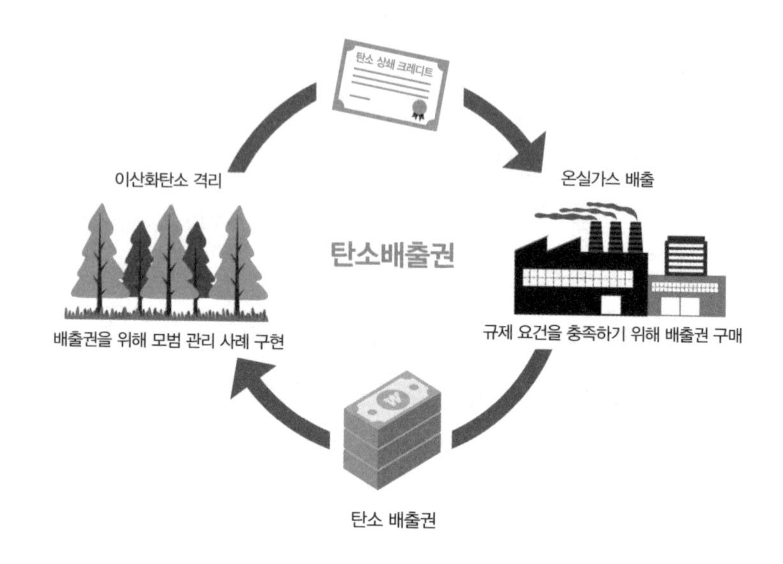

소 배출량에 대한 가격을 설정하고 거래할 수 있도록 함으로써 탄소 배출을 줄이는 기업에 경제적 인센티브를 부여합니다. 그럼으로써 지속 가능한 경영을 선택한 기업이 경쟁에서 불리해지지 않도록 공정한 기회를 제공합니다.

유럽연합은 2003년에 탄소배출권 제도를 도입하여 기업이 탄소 배출 허용량을 거래할 수 있도록 했습니다. 이 조치는 기업이 탄소 배출을 줄이도록 장려하여 환경보호에 기여하는 동시에 경제적으로 불리해지지 않게 했습니다. 탄소배출권 상한선은 시간이 지남에 따라 낮아졌으며, 기업은 탄소 배출 허용량을 거래했습니다. 그리고 탄소 발자국을 줄이는 기업이 재정적 인센티브를 제공받아 전체 배출량이 크게 줄어드는 효과가 나타났습니다.

그린 본드(녹색 채권)

그린 본드는 환경친화적 프로젝트의 자금을 조달하기 위해 발행되는 채권으로, 수익금은 재생 가능하거나 효율적인 에너지, 지속 가능한 농업 등의 프로젝트를 지원하는 데 사용됩니다. 그린 본드는 기업이 환경친화적 프로젝트에 투자하도록 장려하며 환경보호에 기여합니다.

예를 들어 한 에너지 기업이 그린 본드를 발행하여 해상 풍력발전소 건설에 자금을 지원했습니다. 이를 통해 해당 기업은 환경친화적 프로젝트를 추진하고, 투자자들은 지속 가능한 에너지에 투자하여 환경보호에 기여할 수 있었습니다.

2017년에는 미국 애플이 재생에너지 및 에너지 효율 프로젝트에 자금을 지원하기 위해 15억 달러(약 2조 원) 규모의 그린 본드를 발행했습니다. 이 채권은 예상을 뛰어넘는 수요를 기록하여 환경친화적 프로젝트에 대한 투자자들의 강한 요구를 보여주었습니다. 이를 통해 애플은 더 저렴하게 자금을 조달하고, 지속 가능한 경영을 위한 도움을 받았습니다.

RE100 캠페인

RE100은 기업들이 기후변화에 대응하기 위해 100퍼센트 재생에너지를 사용하겠다고 약속하는 세계적 캠페인입니다. 이 캠페인은 기업들이 전환 과정을 진행하거나 전략적 시간표를 발표하거나 로드맵을 수립하여 약속을 이행하겠다고 공언하면 가입할 수 있는 글로벌 이니셔티브입니다.

현재 애플, 스타벅스, 구글, 나이키 같은 해외 유명 기업들뿐만 아니라 우리나라 기업들도 참여하고 있습니다. SK하이닉스, SK텔레콤, K-Water, LG에너지솔루션, 아모레퍼시픽 등이 2050년까지 100퍼센트 재생에너지로 전환할 것을 약속했습니다.

많은 기업이 RE100에 관심을 기울이는 데는 이유가 있습니다. 첫째, 기업의 사회적 책임이 주목받으면서 기후변화에 대한 책임을 느끼기 때문입니다. RE100을 통해 기업들은 기후변화에 대한 대응책을 마련하고 탄소 배출을 줄이는 등의 환경보호 활동에 참여하여 이러한 책임을 실천하려고 합니다.

둘째, 경영 전략에 따라 이점을 추구하기 위해서입니다. 탄소 배출을 줄이는 등 환경보호 활동을 위해 에너지 효율성을 높이고 에너지 비용을 절감하면 경영 비용도 절감할 수 있습니다. 또한 탄소중립 인증을 받으면 이미지와 브랜드 가치를 높이고 세계적 펀드의 투자를 유치하는 데 유리합니다.

기업이 에너지 수요를 줄이는 방법은 다양합니다.

첫째, 건물이나 시설의 에너지 효율성을 높이는 것입니다. 조명을 LED로 교체하기, 절전 모드 적극 활용하기 등이 있습니다.

둘째, 생산 공정의 에너지 효율성을 높여 생산량을 유지하면서 에너지 소비를 줄일 수 있습니다. 또한 재활용할 수 있는 자원을 사용하여 원료 비용을 절감할 수도 있습니다. 이러한 노력을 통해 기업은 에너지와 자원의 낭비를 줄이고 환경보호와 경제적 이익을 얻을 수 있습니다.

하지만 재생에너지 확대만으로는 온실가스 감축 목표를 달성하기 어렵습니다. 재생에너지 사용은 물론 중요하지만, 에너지 소비가 증가하면 이산화탄소 배출 감축 효과는 충분하지 않을 수 있습니다.

ESG 경영

ESG는 환경environmental, 사회social, 지배 구조governance의 영문 머리글자를 따서 만든 용어로, 기업의 성과를 매출, 수익 등 재무적 지표가 아니라 비재무적으로 측정하는 지표입니다. 이 지표로 기업이 환경적·사회적·지배 구조적 측면에서 책임 있는 경영을 실천하는지를 파악할 수 있습니다.

환경 측면에서 기업의 탄소 배출량, 자원 사용의 효율성, 환경오염 관리 등을, 사회적 측면에서는 노동 조건, 고객 관리, 지역사회에 대한 기여 등을 고려하여 평가합니다. 또한 지배 구조 측면에서 이사회 구성, 임금 정책, 내부 감사 체계 등을 평가합니다. ESG 지표들은 기업이 지속 가능한 경영을 하는지를 감시하고 사회적 가치를 창출하도록 하는 중요한 역할을 합니다.

하지만 일부 환경단체는 기업의 ESG 경영이 그린워싱에 불과하다고 주장합니다. 과거 CSRCorporated Social Responsibility, 기업의 사회적 책임 같은 사회적 책임에 관한 활동을 기업이 강조한 적도 있지만, 실제로는 환경보호나 사회적 책임에 대한 성과가 거의 없었다는 것입니다. 환경보호를 강조하면서도 실제로는 환경을 파괴하는 활동을 계속하거나, 사회적 책임을 강조하지만 노동자의 권리를 무시하는 기업도 있습니다.

어쨌든 기업의 ESG 성과는 재무 성과에 긍정적인 영향을 줄 수 있으며, 지속 가능한 경제성장에 기여할 수 있습니다. ESG 경영은 기업이 지속 가능한 발전과 사회적 책임을 동시에 이행하며 성장할 방법이기 때문에 매우 중요합니다. 이를 위해 ESG 성과를 평가하는 다양한 지표와 방법론이 발전하고 있습니다.

예컨대 미국의 대표적 전기차 기업 테슬라는 환경과 사회적 책임을 중요시하고 있습니다. 테슬라는 전기차 생산과 함께 태양광 패널, 전기 저장 시스템 등의 에너지 효율적 제품을 개발하고 있습니다. 이러한 노력은 기업이 환경문제에 대한 책임을 다하는 좋은 예시로 손꼽힙니다.

환경보호 캠페인의 실제 효과

대표적 환경보호 활동인 ① 종이컵·일회용 비닐봉지 사용 금지와 재활용 촉진, ② 대중교통 이용 캠페인, ③ 청소 캠페인 등은 실제로 어느 정도 효과가 있을까요?

이러한 활동들이 전 세계적으로 이산화탄소 배출량을 어느 정도 줄일 수 있는지를 정확히 평가하기는 어렵습니다.

종이컵·일회용 비닐봉지 사용 금지와 재활용

일회용 종이컵 사용을 줄이는 등의 캠페인이 널리 확산하여 폐기물이 줄면, 제조 과정에서 발생하는 이산화탄소가 감소할 수 있습니다. 일부 전문가는 이러한 캠페인 덕분에 전 세계적으로 수억 톤의 이산화탄소 감축 효과가 나타날 수 있다고 추정합니다.

대중교통 이용 캠페인

대중교통을 이용하고 자가용 이용을 줄이면 이산화탄소 배출을 많이 줄일 수 있습니다. 국제에너지기구에 따르면 대중교통 이용이 많아지면 전 세계적으로 수십만 톤의 이산화탄소를 감축할 수 있습니다.

청소 캠페인

해변 청소 캠페인은 해양 폐기물을 줄이고 해양 생태계를 보호하는 데 도움이 됩니다. 유럽환경청EEA은 해양 폐기물이 감소하면 수십만 톤의 이산화탄소 감축 효과가 나타날 수 있다고 보고했습니다. 해양 폐기물에 관한 내용을 담은 유럽환경청의 〈2020 해양 쓰레기 감시 연례 보고서〉에 따르면 해양 폐기물 감소는 해양 환경뿐만 아니라 이산화탄소 배출 감소에도 기여합니다.

환경 캠페인의 의미

하지만 환경보호 캠페인은 연간 510억 톤에 달하는 전 세계의 이산화탄소 배출을 제로로 만들고 기후위기를 극복하는 데 턱없이 부족하다는 주장이 있습니다. 이산화탄소 배출을 제로로 만드는 것은 현재의 환경보호 노력만으로는 어려운 과제입니다. 다양한 요인이 작용하기 때문입니다.

첫째 요인은 규모와 복잡성입니다. 이산화탄소 배출은 전 세계의 다양한 산업 부문과 활동에서 발생합니다. 이를 제로로 만드는 데는 매우 복잡하고 막대한 노력과 시간이 필요합니다.

둘째 요인은 에너지 구조와 의존도입니다. 많은 국가가 여전히 에너지 생산을 화석연료에 의존하고 있습니다. 에너지 공급 구조를 대대적으로 바꿔서 친환경 에너지로 전환하는 데는 많은 시간과 비용이 듭니다.

셋째 요인은 기술적 한계입니다. 현재 기술로는 이산화탄소 제로를 달성할 수 없습니다. 탄소 포집 기술 등이 발전해야 하지만 아직 대규모로 실행하기는 어렵습니다.

그러나 환경보호 캠페인이 아무 소용없는 활동인 것은 아닙니다. 환경의 중요성에 관한 인식을 바꾸고 사회적 압박을 일으켜 정부와 기업들이 친환경적인 방향으로 변화하도록 이끌기 때문입니다. 또한 이러한 캠페인은 환경보호 의식을 높이고 지속 가능한 삶에 대한 의식을 확산합니다. 따라서 환경보호 캠페인을 시행하는 한편으로 이산화탄소를 제로로 만들고 기후변화를 막는 실질적인 대책에 전 세계적인 노력과 정책을 집중할 필요가 있습니다.

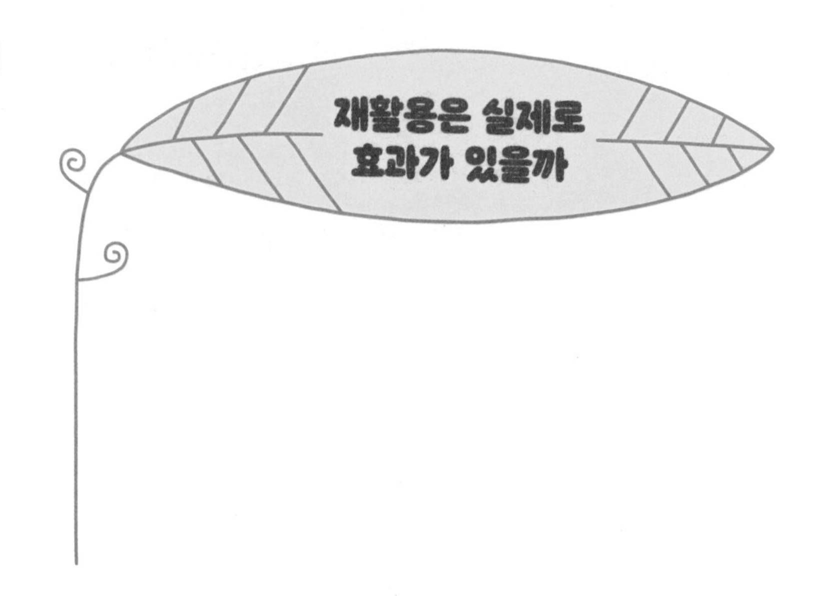

우리나라 재활용률은 과장되었다?

우리가 일상에서 쉽게 실천할 수 있는 환경보호 활동 중 하나는 재활용입니다. 많은 사람이 참여하여 더 많은 물질을 재활용하면 환경과 지구를 지키는 데 큰 도움이 됩니다.

한국환경공단에 따르면 2021년 기준으로 우리나라의 폐기물 종류별 재활용률은 플라스틱 34.9퍼센트, 페트병 53.2퍼센트, 종이 81.2퍼센트, 유리 27.8퍼센트, 캔 85.1퍼센트입니다.

재활용은 기후변화를 막는 데 중요한 역할을 합니다. 미국환경보호국U.S. EPA이 제시한 수치에 따르면 종이 1톤을 재활용하면 이산화탄소 2.5톤을, 유리 1톤을 재활용하면 0.3톤을, 플라스틱 1톤을 재활용하면 1.8톤을 줄일 수 있습니다. 재활용이 기후변화를 막는 데 많은 효과를 발휘한다는 의미입니다.

논란이 되는 것은 플라스틱과 음식쓰레기 재활용입니다. 실제로 재활용이 잘되고 있는지, 또 얼마나 효과가 있는지 의문을 품는 사람이 많습니다.

우리 주변에서는 매일 엄청난 양의 플라스틱 쓰레기가 나옵니다. 전 세계적으로는 해마다 1억 5,000만 톤의 플라스틱이 생산되며, 대부분은 시간이 지나면 결국 버려집니다. 이 문제를 해결하려면 재활용이 꼭 필요합니다. 유럽에서는 플라스틱 재활용률이 30퍼센트 정도지만 미국에서는 9퍼센트만 재활용되고 있습니다. 그럼 우리나라는 어떨까요?

전 세계의 재활용률이 9퍼센트인데 한국은 70퍼센트라는 언론 기사가 한때 눈길을 끈 적이 있습니다. 2013년 OECD 조사에서 독일에 이어 한국이 재활용 2위라는 평가를 받으며, 분리수거를 잘하는 국가라는 이미지를 얻었습니다. 하지만 이는 '전체 도시 폐기물 중 재활용되고 퇴비화된 폐기물'을 기준으로 한 결과로, 분리수거율 자체를 의미하는 것은 아니었습니다. 분리수거율의 정확한 의미는 폐기물을 재활용할 수 있는 자원과 할 수 없는 자원으로 분류하여 수거하는 비율을 말합니다. 우리나라에서는 폐기물의 최종 처리를 쉽게 하기 위해 1991년부터 분리수거가 의무화되었습니다.

환경부에 따르면 2020년 기준 우리나라 플라스틱 재활용률은 70퍼센트입니다. 재활용률 70퍼센트에는 소각 시 발생하는 열을 에너지화한 '에너지 회수'가 상당 부분 포함됩니다. 유럽 등의 플라스틱 통계에서는 '에너지 회수'를 재활용으로 인정하지 않고 소각으로 봅니다. 국내 플라스틱 물질의 생산, 유통, 폐기 과정을 따라 물질 흐름을 분석한 한국환경연구원에 따르면 2017년 폐플라스틱 770만 톤 중 '물질 재활용'된 것은 18퍼센트인 141만 톤에 불과한 것으로 추정됩니다. 물질 흐름 분석material flow analysis, MFA이란 플라스틱 같은 특정 물질의 생산과 유통, 폐기에 이르는 모든 과정을 분석하여 자원 순환을 이해하는 방식입니다. 물질 재활용 전략을 정확한 데이터에 기반해서 수립하기 위한 방법으로, 자원을 효율적으로 관리하여 지속 가능하게 하는 데 도움이 됩니다.

음식물 쓰레기 재활용이 어려운 이유

음식물 쓰레기를 재활용하는 방법은 퇴비 또는 사료로 농업에 사용하는 것이 일반적입니다. 음식물 쓰레기를 처리하여 퇴비로 만들면 환경에도 인간 사회에도 유익합니다. 먼저 음식물 쓰레기를 처리하는 매립지를 줄여 환경을 보호하고, 퇴비로 만들어 농업에 사용하면 화학비료 사용을 줄이는 데 기여한다고 합니다.

그런데 음식물 쓰레기 처리에 비용과 노동력이 많이 들어가지만 실제로는 퇴비로 많이 쓰이지 않아서 환경보호 효과가 거의 없다는 주장도 있습니다. 큰 비용을 들여서 퇴비로 만들어도 실제로 농가에서 사용하지 않고, 사용하더라도 다른 비료보다 효과가 그리 좋지 않다는 것입니다.

음식물 쓰레기에는 채소류, 어류, 육류가 혼합되어 있고, 다양한 조미료와 첨가제도 포함되어 있습니다. 이 때문에 음식물 쓰레기는 염분NaCl 함량이 높은 편이고, 염분은 퇴비화를 어렵게 만듭니다. 퇴비화는 주로 미생물의 분해 활동에 의존하는데, 퇴비의 염분이 높으면 미생물의 활동을 저해하여 퇴비화가 느려집니다. 염분이 과도하면 퇴비의 품질을 저하시켜 농작물에 적절한 영양분을 공급하지 못하거나, 토양을 척박하게 만들 수 있습니다. 따라서 염분이 있는 음식물 쓰레기를 퇴비로 만들 때는 염분을 제거하거나 중화하는 등의 추가적인 처리 과정이 필요합니다.

음식물 쓰레기를 사료로 사용하는 아이디어도 제기되고 있는데, 무엇보다도 중요한 것은 안전성과 신뢰성입니다. 사료로 사용하기 위해서는 규제와 안전 기준을 충족해야 합니다. 잠재적 병원성 물질을 없애고 안전하게 만들려면 열처리가 필요합니다. 또한 음식물 쓰레기 사료는 미생물이 번식할 수 있기 때문에 미생물을 제어하기 위해 항균제나 발효 과정 등이 필요합니다.

음식물 쓰레기로 만든 사료는 성분을 확인할 수 있으므로 유해물질 함량을 살펴보고 안전성을 높일 수 있습니다. 하지만 사료의 영양과 안전성을 보장하기 위한 품질 규제를 생각하면 만드는 데 비용이 많이 들기 때문에 시장 수요와 가격 문제가 발생할 수 있습니다. 따라서 경제적 측면에서 음식물 쓰레기의 효과적인 해결책이 되기는 어렵습니다.

플라스틱과 음식물 쓰레기로 발생하는 문제를 줄이기 위해서는 더 적은 양을 사용하는 것이 중요합니다. 플라스틱과 음식물 쓰레기를 재활용할 수 있다는 주장이, 폐기물을 줄이는 쪽이 더 효과적이라는 사실을 가리는 것 아닐지 생각해볼 필요가 있습니다. 환경 문제 해결에서 훨씬 중요한 폐기물 발생량 자체의 감소를 위해서는 우리가 살아가는 방식과 생산 과정을 바꿔야 합니다.

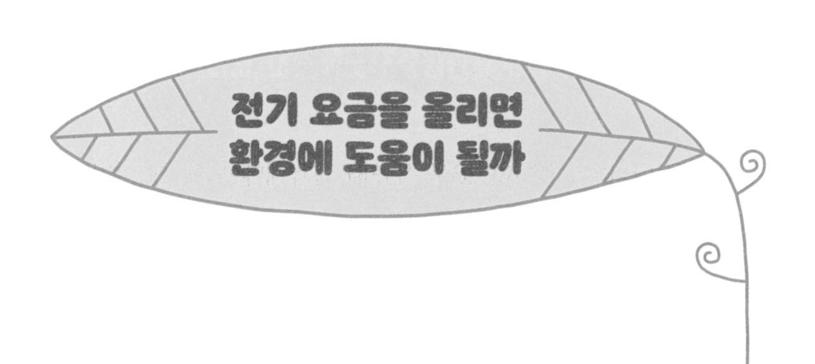

전기 요금을 올리면 환경에 도움이 될까

전기 요금은 언제나 뜨거운 논란의 주제입니다. 전기 요금을 올릴 때 흔히 언급되는 원인은 전기 생산 비용이 상승했기 때문이라는 것입니다. 많은 전문가가 국제 에너지 가격 상승을 전기 요금에 반영해야 기후위기 대응을 위해 재생에너지로 빠르게 전환하도록 유도할 수 있다고 이야기합니다.

그러나 일각에서는 가정용 전기 요금 인상이 전기 수요를 줄이는 데 효과가 없고 오히려 서민들의 경제적 부담만 커진다는 우려를 제기합니다. 2021년 12월의 여론조사 결과를 보면 많은 사람이 기후 정책에 따른 불편을 감수할 의사가 있지만, 과반수는 전기 요금 인상에 동의하지 않았습니다. 기후 정책을 지지하고 불편을 감수하겠다는 의지가 있음에도 불구하고, 실제로 돈이 나가는 것은 쉽게 받아들이지 않는 것이 현실입니다.

요금이 낮아서 전기를 낭비한다고?

한때 우리나라 언론이 '역대 최고, 세계 3위 전기 사용량'이라는 내용의 기사를 보도한 적이 있습니다. 2021년 국민 1인당 전기 사용량이 '역대 최고치'로 세계 3위 수준이라는 내용이었습니다.

그러나 일부 누리꾼들은 '산업용' 전력 소비량이 포함된 탓에 국민들이 집에서도 전기를 많이 쓴 것처럼 보인다고 주장했습니다. 객관적 사실은 무엇일까요.

한국전력공사에 따르면 우리나라의 인구 1인당 전기 사용량은 2021년 1만 330킬로와트시로 이전 최고 기록인 2018년의 1만 195킬로와트시를 넘어섰습니다. 앞의 기사에서 언급된 1인당 전기 사용량은 연간 전체 전기 사용량인 53만 3,430기가와트시를 인구 5,164만 명으로 나눠 산출한 것입니다.

여기서 문제는 '전체 전기 사용량'이라는 것입니다. 전체 전기 사용량에서는 산업용과 일반 상업용 전력 소비가 77퍼센트를 차지하는데 이것을 포함했습니다. 1인당 전기 사용량에서 차지하는 비중이 가정용보다 훨씬 크기 때문에 '가정용' 전기가 많이 쓰인 것처럼 보일 수 있습니다. OECD에 따르면 우리나라는 2019년 기준으로 전체 판매 전력량 중 가정용이 약 13.5퍼센트, 상공업용이 81.8퍼센트였습니다. 이에 비해 미국은 가정용 약 37.8퍼센트, 상공업용 62퍼센트고, 캐나다는 가정용 34.9퍼센트, 상공업용 31.1퍼센트입니다. 우리나라는 제조업 중심의 산업 구조로 인해 상공업용 전기 사용량이 많습니다.

지난 2019년 한국의 가정용 전기 사용량은 7만 455기가와트시입니다. 각국의 가정이 전기를 얼마나 사용하는지 알아보겠습니다. 에너지경제연구원에 따르면 국가 간 비교에서는 세대수를 알기 어렵기 때문에 1인당 전력 소비량을 비교하는 경우가 대부분입니다. 국제에너지기구에 따르면 2019년 국가별 1인당 가정용 전기 사용량은 캐나다 4,583킬로와트시, 미국 4,375킬로와트시, 일본 1,980킬로와트시, 독일 1,522킬로와트시인데 한국은 1,303킬로와트시입니다. 우리나라 가정에서 세계 3위 수준으로 전기를 많이 쓴다는 말은 사실이 아닙니다.

전기 요금 인상에 관한 논란

매년 여름마다 폭염 때문에 우리나라 전력 사용량이 경신되는 이유는 전기 요금이 지나치게 낮기 때문이라는 논란이 있습니다.

우리나라 가정용 전기 요금은 독일의 3분의 1 수준이라는데, 그렇다면 너무 저렴한 것일까요?

실제로 국제에너지기구에 따르면 한국의 전기료는 OECD 주요 국가 중 가장 저렴한 수준입니다. 2021년 기준으로 한국의 가정용 전기료는 1메가와트시당 108.4달러인데, OECD 29개국 중에서 튀르키예 다음으로 저렴합니다. OECD 평균인 180.3달

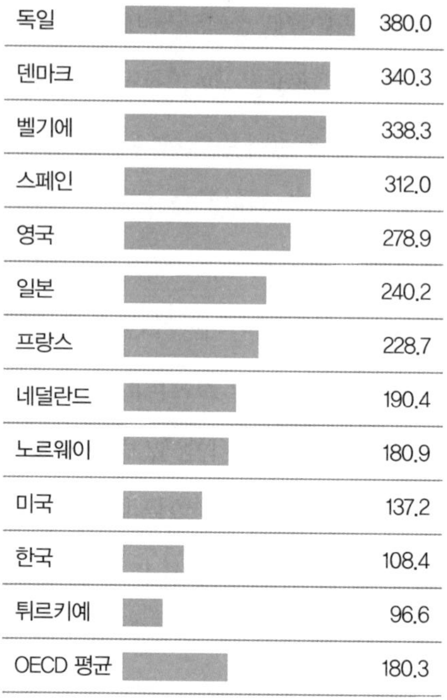

국가	요금
독일	380.0
덴마크	340.3
벨기에	338.3
스페인	312.0
영국	278.9
일본	240.2
프랑스	228.7
네덜란드	190.4
노르웨이	180.9
미국	137.2
한국	108.4
튀르키예	96.6
OECD 평균	180.3

2021년 주요 선진국의 가정용 전기 1메가와트시당 요금 비교(2022년 6월 기준). 출처: OECD, IEA

러의 60퍼센트 수준입니다.

반면 가정용 전기료가 가장 비싼 나라인 독일은 1메가와트시당 380달러입니다. 그다음은 덴마크, 벨기에순이고, 일본(240.2달러), 프랑스(228.7달러)도 한국의 두 배 이상 높습니다. 상대적으로 전기료가 싸다는 미국도 1메가와트시당 137.2달러라고 합니다.

산업용 전기료는 어떨까요? 1메가와트시당 95.6달러인 한국의 산업용 전기료는 OECD 평균 115.5달러보다 낮습니다. 산업용 전기료가 가장 저렴한 나라는 1메가와트시당 72.6달러인 미국이고 가장 비싼 나라는 187.9달러인 영국이며, 독일, 일본, 프랑스도 평균 이상입니다.

전기 요금을 인상해도 절약 효과는 크지 않다

가정용 전기 요금을 올려도 서민들은 사용량 자체가 적고, 우리나라 가정용 전기는 전체 전기 사용량의 15퍼센트에 불과하므로 절약 효과는 크지 않을 것입니다. 전기 사용량 절감이 목적이라면 사용량이 많은 산업용 전기 요금 인상이 효과적입니다. 전기 요금 인상이라는 이야기가 나오면 항상 '산업용' 전기 요금을 올리느냐는 의문이 제기됩니다. 일부에서는 가정용과 산업용 전기 판매 단가를 통일해야 한다는 목소리가 나옵니다. 하지만 가정용은 올리지 않고 산업용만 인상하면 산업계가 크게 반발할 것입니다.

한전의 산업용 전력 판매량은 연간 29만 기가와트시입니다. 따라서 단순히 계산하면 전기 요금이 1킬로와트시당 5원만 올라도 국내 산업계의 부담이 1조 5,000억 원가량 높아집니다. 특히 중소기업은 전기 요금 상승에 따른 부담이 상대적으로 더 크다며 '중소기업 전용 요금제' 도입을 촉구하고 있기도 합니다.

전기 요금 인상은 경제와 환경, 사회적 측면에 복잡한 영향을 미치므로, 관련 논란과 가능한 해결책을 깊이 고민할 필요가 있습니다.

결국 시장이 변해야 해결된다

기후위기를 해결하기 위해서는 기업과 시장이 변화해야 합니다. 그런데 아무런 동기 없이 기업이 경제적 이익과 기존 기술을 포기하고 새로운 방향으로 나아가지는 않으니, 변화를 위해서는 정부 정책과 국제 규제가 선도해서 시장이 변하도록 해야 합니다. 그렇다면 기후변화 대응을 위해서는 무엇이 변화해야 효과적일까요?

정부 정책의 변화

정부는 기업과 시장의 변화를 끌어내기 위해 다음과 같은 정책을 채택할 수 있습니다.

- **탄소 배출 규제 강화:** 엄격한 탄소 배출 규제를 시행하여 시장이 환경친화적으로 전환하는 기업에 유리하도록 해야 합니다.
- **친환경 에너지 지원:** 재생에너지와 친환경 기술을 지원하고, 효율적인 에너지 사용을 촉진해야 합니다.
- **세제 혜택과 보조금:** 친환경 기업에 세제 혜택과 보조금을 지원하여 격려해야 합니다.

시장의 변화

친환경제품과 서비스에 대한 수요가 증가하여 시장이 변화하면서 다음과 같은 조치가 이루어집니다.

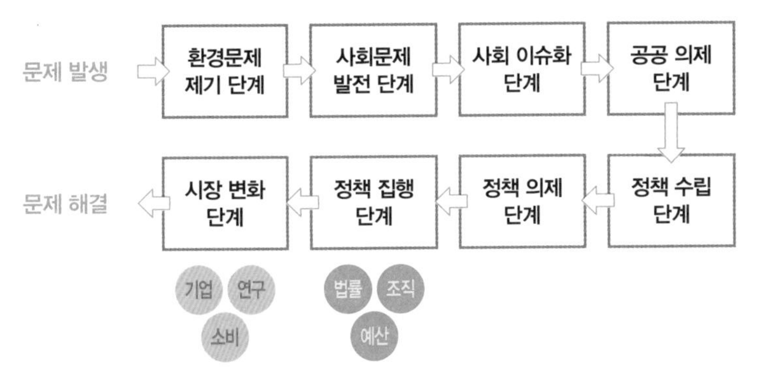

환경문제 해결 과정

- **친환경제품 활성화:** 친환경제품에 대한 인식을 높이고 소비를 촉진해야 합니다.
- **그린 투자 증가:** 친환경 기업과 프로젝트에 대한 투자를 늘려야 합니다.

기업의 변화

환경친화적이고 지속 가능한 방향으로 전환하기 위해 기업에는 다음과 같은 변화가 필요합니다.

- **탄소 배출 감축:** 탄소 배출을 줄이고 친환경적 생산 방식을 채택해야 합니다.
- **재생에너지 활용:** 탄소 중립을 위해 재생에너지를 적극 도입하고 사용해야 합니다.
- **생산물 재활용과 재활용 촉진:** 자원을 효율적으로 활용하기 위해

생산물 재활용을 촉진해야 합니다.

국제 협력과 규제

기후변화 대응의 효과를 높이려면 국제 협력과 규제가 필수적입니다.

- **탄소 배출 규제 통일:** 탄소 배출 규제를 국제적으로 통일하여 모든 국가가 탄소 배출을 줄이는 방향으로 나아가도록 해야 합니다.
- **기후 협정 이행:** 파리협정 같은 국제 환경 협정을 이행하도록 촉진해야 합니다.

기술 혁신 연구

기술 혁신을 위한 연구는 친환경적 해결책을 개발하고 확산하는 데 중요합니다.

- **친환경 기술 개발:** 신재생에너지, 탄소 포집 기술 등 친환경 기술의 개발을 촉진해야 합니다.
- **기술 혁신 지원:** 친환경 기업과 연구소를 더욱 지원하여 혁신적 기술을 발전시켜야 합니다.

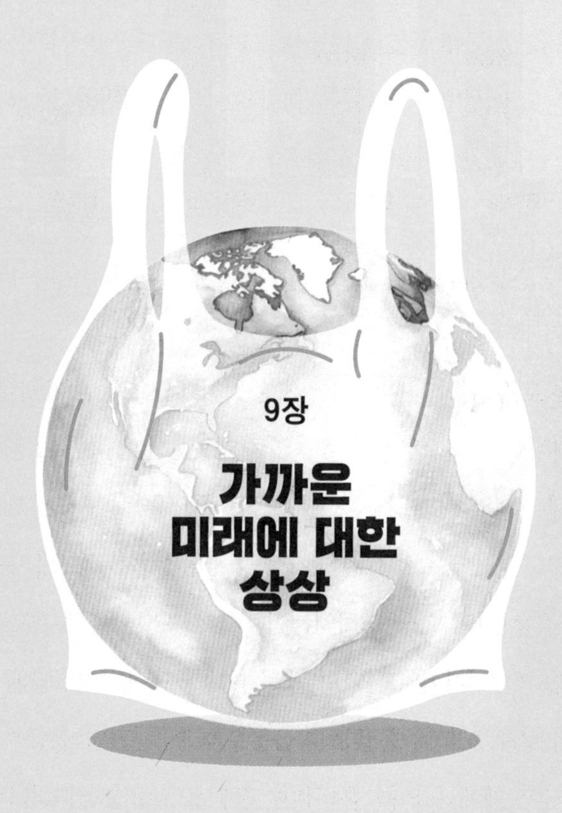

9장

가까운 미래에 대한 상상

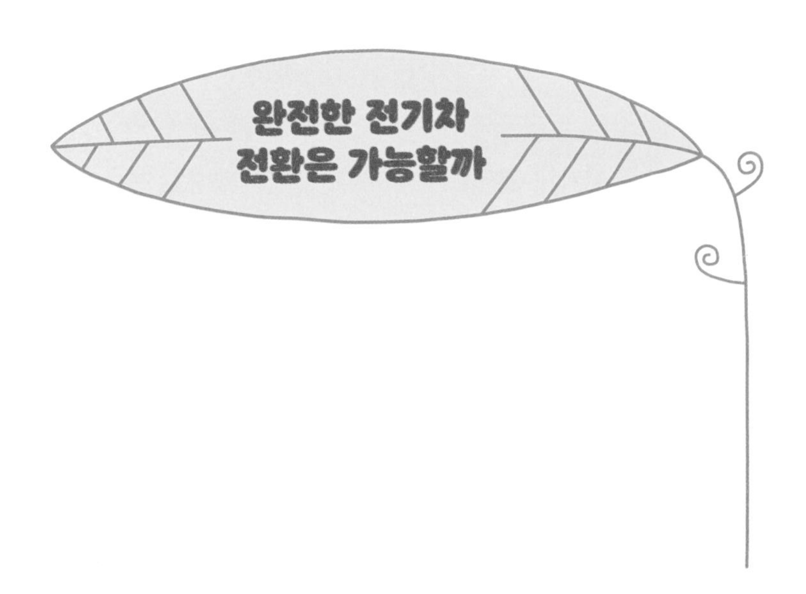

전기차가 미세먼지에 미치는 영향

전기자동차는 도시의 미세먼지를 해결하는 데 일조할 가능성이 높습니다. 내연기관 자동차와 달리 배기가스를 배출하지 않으니 초미세먼지 농도를 줄일 수 있습니다. 전기차 보급이 대기오염 감소에 얼마나 도움이 될지 평가하려면 몇 가지 요소를 고려해야 합니다.

첫 번째로 전체 차량 중 전기차의 비율이 얼마나 되는지가 중요합니다. 만약 대부분의 자동차를 전기차로 교체하면 영향력이 무척 클 것입니다. 노르웨이는 2022년 말 기준 전체 자동차 중 20퍼센트가 전기차였고, 전기차 점유율이 20퍼센트를 넘은 전 세계 첫 번째 국가가 되었습니다. 현재 계획대로 유럽에서 2030년부터 내연기관 자동차 등록이 금지된다면 전기차의 비중이 크게 늘어날 것입니다.

두 번째로 전기차 충전에 사용되는 전력원의 종류도 중요합니다. 미세먼지를 배출하는 화력발전으로 생산한 전기를 충전에 사용한다면 오염 문제를 해결하는 효과가 없을 것입니다. 반면 생산 과정에서 미세먼지를 발생시키지 않는 재생에너지를 사용하면 대기오염 감소에 당연히 효과적입니다.

전기자동차는 배기가스를 배출하지 않으므로 2차 미세먼지를 크게 줄일 잠재력이 있습니다. 자동차 배기가스가 전체 질소산화물, 휘발성 유기화합물의 50퍼센트 이상을 차지하므로, 전기차를 운행해서 이들을 줄이면 2차 미세먼지도 크게 줄일 수 있습니다. 특히 우리나라 초미세먼지의 75퍼센트 이상을 차지하는 2차 생성 미세먼지를 해결하는 데 전기차 보급이 핵심이 될 수 있습니다.

그럼 얼마나 많은 전기차가 도로 위를 달려야 미세먼지 문제가 해결될까요? 학술지 《네이처 서스테이너빌리티Nature Sustainability》에 발표된 연구에 따르면 도심의 모든 차량을 전기차로 바꾸면 초미세먼지 오염을 최대 24퍼센트까지 줄일 수 있다고 합니다. 《인바이런멘털 사이언스 & 테크놀로지Environmental Science & Technology》에 발표된 또 다른 연구는 미국의 모든 차량이 전기차라면 대기오염이 감소하여 연간 약 1만 3,000명의 조기 사망을 방지할 수 있다고 추정합니다. 하지만 대기 질 개선에 뚜렷한 영향을 미치기 위해 필요한 전기차의 비율은 상황에 따라 다릅니다. 일부 전문가들은 전체 차량 중 약 30퍼센트가 전기차면 대기오염 감소 효과를 볼 수 있다고 주장합니다.

그러나 전기차는 매우 무겁기 때문에 타이어가 쉽게 마모되고 미세먼지가 증가할 수 있다고 우려하는 목소리도 있습니다. 실제로 전기차가 내연기관 차량보다 무거운 것은 사실이지만, 타이어 마모와 미세먼지 발생은 주로 운행 조건과 운전 방식에 좌우됩니다. 전기차 무게가 타이어 마모에 미치는 영향은 과대평가되었으며, 고속도로나 평탄한 도로에서는 그 영향이 상대적으로 미미합니다.

전기자동차 보급 현황

전 세계적으로 환경에 대한 우려가 커지면서 대기오염의 주범으로 몰리는 자동차 산업도 전기자동차와 수소자동차 등 친환경적 대안을 추구하고 있습니다. 특히 환경친화성과 경제성 면에서 많은 주목을 받는 전기자동차가 활발하게 보급되고 있습니다.

전기차는 환경친화성이 높습니다. 더불어 내연기관 차량보다 운영 비용이 낮고 주행 편의성도 좋습니다.

최근 연구 보고서에 따르면 전기자동차 시장은 꾸준히 성장하고 있습니다. 2023년 전 세계적으로 판매된 전기차는 약 1,300만 대로 전년 대비 40퍼센트 이상 증가했으며, 앞으로도 시장이 계속 확대될 것입니다.

그 이유는 다음과 같습니다. 첫째는 정부와 기업의 노력입니다. 전기차 보급을 확대하기 위해 여러 나라 정부와 자동차 제조사들이 협력하고 있습니다. 정부는 보조금 제공, 충전 인프라 확충 등의 정책적 지원으로 전기차 보급을 촉진하며, 자동차 제조사들은 다양한 전기차 모델을 출시하여 소비자들의 다양한 요구에 부응하고 있습니다.

둘째는 충전 인프라 확대입니다. 전기차 보급을 위해서는 충전 인프라 확대가 필수적입니다. 최근 고속 충전소가 많이 설치되고 주택용 충전기의 보급도 증가하고 있어 전기차 소유자들의 편의성이 높아지고 있습니다.

셋째는 기술 발전입니다. 끊임없는 기술 발전으로 전기차의 주행 거리가 늘어나고 충전 시간이 단축되는 등의 혁신이 이루어지고 있습니다. 이는 전기차의 경제성과 편의성을 높여 소비자들의 구매 욕구를 더욱 증진할 것입니다.

전기차 보급 확대는 환경을 보호하고 에너지 효율성을 향상하는 중요한 첫걸음입니다. 정부와 기업, 소비자들의 협력과 노력으로 전기차 시장이 더욱 확대되면서 친환경 이동의 새로운 시대가 열릴 것으로 기대됩니다.

전기차에 필요한 전력은 어떻게 만들어야 할까

지난 몇 년간 전기차가 많이 보급되면서 우리나라의 전력 수급에 대한 우려가 제기되었습니다. 우리나라 정부는 2030년까지 300만 대의 전기차를 보급하겠다는 목표를 세웠습니다. 그러나 이렇게 대규모로 전기차가 늘면 전력이 부족해지지 않을까 우려되는 시점입니다. 현재 우리나라의 자동차 대수는 2,550만 대이고 이 중 전기차는 39만 대입니다.

전기차 한 대에 필요한 연간 소비 전력은 약 2.5~4.0메가와트시로 추산됩니다. 그럼 300만 대의 연간 소비 전력을 단순히 계산하면 7,500~1만 2,000기가와트시로 추산됩니다. 상당히 커 보이지만 한국의 연간 총발전량 58만 기가와트시의 1.3~2.0퍼센트 수준입니다. 1,000만 대라고 가정하면 4~7퍼센트 수준이고, 이 정도면 전력 부족 문제가 일어나지는 않을 것입니다. 만약 2,550만 대 모두가 전기차라면 소비 전력이 약 11~18퍼센트니 대책이 필요할 수도 있습니다. 물론 전기자동차가 증가하여 전력이 부족해지는 문제에 관해서는 정부와 한전이 적절한 대응책을 마련하고 있습니다.

최근 확정된 제10차 전력 수급 기본 계획을 기반으로 한전이 수립한 제10 장기 송·변전 설비 계획에 따르면 2036년까지 전력 공급을 확보할 것입니다. 이러한 계획을 통해 송·변전 설비를 확충하면 송전선로와 변전소의 수용 능력이 현재보다 크게 향상할 것입니다.

산업통상자원부도 전기차 보급으로 전력 수급에 차질이 생길 우려는 거의 없다면서 '제10차 전력 수급 기본 계획에서 적정 예비율을 유지하고 있으며, 전기차 보급 등의 전력 수요 변화 요인을 정밀하게 분석해 반영했다'라고 밝혔습니다. 따라서 내연기관 자동차가 모두 전기차로 전환되더라도 발전 설비의 총발전량 측면에서 수용할 정도로 충분한 전력을 확보할 수 있을 듯합니다.

전기차도 친환경이 아니라는데?

전기자동차는 대기오염을 줄이고 대기 중 이산화탄소를 감소시킬 수 있습니다. 그러나 전기차와 관련하여 다른 환경문제가 제기되고 있습니다. 전기차를 대량생산하기 위해서는 환경오염 가능성이 있는 희토류라는 희소한 원료가 필요하기 때문입니다. 따라서 희토류 생산 과정의 환경문제를 주목해야 합니다.

논란이 되는 주장은 희토류 생산에 따른 환경오염으로 전기자동차의 환경적 이점이 상쇄된다는 것입니다. 전기자동차 생산에는 많은 희토류가 필요한데, 희토류 채굴과 생산에는 많은 에너지가 필요하므로 탄소 배출량이 증가합니다. 또한 희토류 추출과 정제 과정에 매우 많은 물이 필요하고, 여러 화학물질이 환경오염을 일으킬 수 있습니다. 희토류 채굴 지역의 지하수가 화학물질과 중금

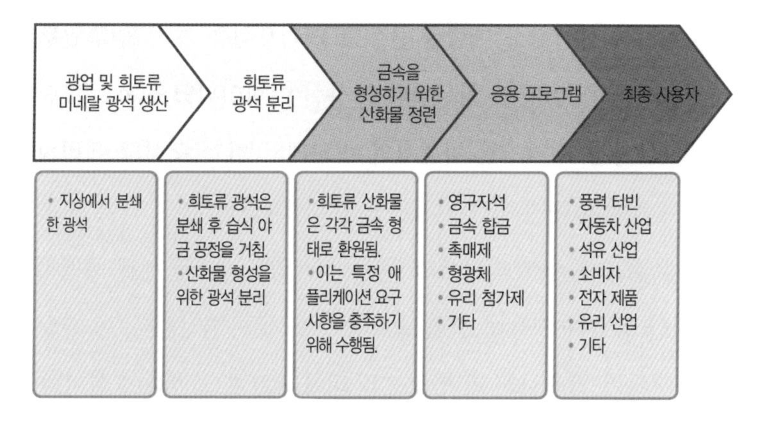

희토류 생산 프로세스

속에 노출되어 오염될 가능성도 있습니다. 희토류 광산은 주로 산악 지역에 있는데, 이곳 산림과 동식물 서식지가 파괴되어 생태계에 나쁜 영향을 줄 수도 있습니다.

하지만 반론도 강하게 제기되고 있습니다. 희토류 생산에 따른 환경문제와 비교하면 전기자동차가 가져오는 환경적 이점이 훨씬 크다는 주장입니다. 전기자동차가 환경에 이점을 주는 이유는 첫째, 탄소 배출량이 매우 낮기 때문에 도로 운송 부문의 환경오염을 많이 감소시켜 기후변화 대응과 대기 질 향상에 긍정적입니다. 둘째, 희토류 생산 과정의 환경문제는 환경 규제를 강화하여 해결할 수 있습니다. 또한 효율화와 대체 재료 개발을 통해 전기자동차의 희토류 의존도를 낮출 수 있습니다.

그럼 실제로 전기자동차의 환경적 이점은 어느 정도일까요. 전기자동차 생산과 사용은 환경에 긍정적인 영향을 미칩니다. 전기자동차는 이산화탄소 배출을 줄이고 대기오염을 개선하며, 일부 지역에서는 대기 질도 향상한다는 사실이 확인되었습니다. 또한 전기자동차는 내연기관 자동차와 비교해서 전기 모터의 에너지 효율이 높기 때문에 이산화탄소 발생량이 적습니다.

그럼 희토류 생산 과정에서 나타날 수 있는 환경문제를 해결하기 위한 방법과 비용에 관한 궁금증이 들기 마련입니다. 이 의문을 해결하기 위해서는 먼저 희토류 대체 재료를 개발해야 합니다. 기술 혁신과 연구에 투자하여 희토류 의존도를 낮출 수 있는 대체 재료를 개발할 수 있습니다. 다음으로는 국제 협력과 규제 강화를 통해 희토류 생산 과정의 환경문제를 해결할 수 있습니다. 또한 희토류 생산 과정에서 자원 효율성을 높이는 기술을 개발하고 재활용 체계를 구축해야 합니다.

수소 연료전지 자동차에 대한 전망

수소 연료전지 자동차는 전기자동차와 원리가 비슷합니다. 전기자동차는 전기를 충전하여 모터를 움직이는 반면 수소 연료전지 자동차는 수소를 충전하여 연료전지에서 전기로 변환하고 모터를 움직입니다.

많은 전문가에 따르면 수소 연료전지 자동차는 무척 친환경적입니다. 수소 연료를 생산하고 공급하는 체계가 잘 구축되면 많은 사람이 환경보호를 위해 수소 자동차를 선택할 가능성이 꽤 높습니다.

하지만 반론도 있습니다. 수소 연료전지 자동차는 전기자동차보다 비싸고, 수소 생산과 공급 과정에서 환경문제가 발생할 수 있다는 주장입니다. 또한 가장 큰 문제는 수소자동차용 충전소가 부족하여 사용이 제한적이라는 것입니다.

깨끗한 에너지를 사용한다는 장점이 있지만, 현재 수소 연료전지 자동차는 기술의 한계와 충전 인프라 문제 때문에 전기자동차보다 경쟁력이 떨어집니다. 따라서 전기차와 수소차에 대한 논쟁은 현재로서는 큰 의미가 없습니다.

흔히 기술은 시장을 이기지 못한다고 합니다. 대부분의 글로벌 완성차 업체가 수소차를 연구하고 있지만 현재 수요는 매우 적습니다. 그래서 자동차 회사들은 전기자동차 기술 개발에 집중하고 있습니다. 중국이 내연기관 자동차를 줄이고 전기차를 지원하는 정책을 채택하면서 중국 시장의 전기차 수요가 급증하여 글로벌 완성차 업체들도 전기차 쪽으로 방향을 전환했습니다. 일본 도요타자동차뿐 아니라 우리나라 현대기아자동차도 전기차 개발에 힘을 쏟고 있습니다. 현재 전기차가 큰 주목을 받고 있으므로 최소한 4~5년 동안은 수소차에 대한 수요가 높아질 것이라고 보기 어렵습니다.

이산화탄소를 제거하는 지구공학

지구온난화와 기후변화를 완화하기 위한 노력 중 하나로 대기 중의 이산화탄소를 포집하거나 제거하여 온실가스 농도를 줄이는 지구공학 기술들이 개발되고 있습니다. 목표는 이산화탄소 농도를 낮추어 온실효과를 줄이고 기후를 안정화하는 것입니다. 이 기술들은 많은 주목을 받고 있지만 아직은 기술적 · 경제적 · 환경적 도전의 장벽이 큽니다.

이산화탄소를 제거하는 기술은 꽤 다양합니다. 대기 중 이산화탄소 직접 포집Direct Air Capture, DAC은 대기 중에서 이산화탄소를 추출하여 포집하는 기술입니다. 특정 재료(흡착재)를 사용하여 대기 중에서 이산화탄소를 흡착한 후 분리하여 저장합니다. 바이오매스

에너지 탄소저장Bioenergy with Carbon Capture and Storage, BECCS은 대기 중 이산화탄소를 포집하는 나무 등의 바이오매스를 사용하여 에너지를 생산하고 동시에 고체 탄소로 탄화시켜 지하에 저장하는 기술입니다. 즉 이산화탄소를 제거하는 동시에 에너지를 생산합니다. 해양 탄소 흡수 및 저장Ocean Carbon Capture and Storage, OCCS은 해양을 활용하여 이산화탄소를 흡수하고 이를 해양 생태계에 적절히 저장하여 지속 가능한 탄소 저장소로 활용하는 기술입니다. 숲 재생 및 식재Forest Restoration and Afforestation는 나무 등 식물을 적극적으로 심는 방식입니다. 나무는 산소를 방출하고 이산화탄소를 흡수하여 지속 가능한 탄소 저장소가 됩니다. 탄산칼슘Calcium Carbonate, $CaCO_3$ 변환은 이산화탄소를 탄산칼슘으로 변환하여 안정적으로 저장하는 기술입니다. 지하 이산화탄소 저장Geological Carbon Storage은 지하 수축층이나 바위층에 이산화탄소를 지속적으로 포집하고 저장하는 방법입니다.

이산화탄소를 제거하는 지구공학은 위험하다?

일부 과학자는 이산화탄소를 제거하는 지구공학 기술을 반드시 도입해야 한다고 주장합니다. 지구온난화는 지금 당장 대처해야 하는 긴급한 문제이고, 이산화탄소 직접 포집 등 지구공학 기술로 이산화탄소를 효과적으로 제거할 수 있기 때문입니다. 그러므로 이 기술을 도입하면 지구 환경을 보호하고 온난화를 막을 수 있다고 주장합니다.

하지만 반대하는 목소리도 있습니다. 지구공학 기술을 섣불리 사용하면 예상치 못한 부작용이 발생할 수도 있기 때문입니다. 검증되지 않은 기술을 활용하면 생각하지 못한 부작용 때문에 심각하고 새로운 환경문제가 일어날 수 있습니다. 그러므로 이산화탄소를 제거하는 대신 온실가스 배출을 줄이는 방법을 제대로 개발하는 것이 우선이라는 주장도 제기됩니다.

지구공학 기술은 아직 실험 단계인 것이 사실입니다. 실제로 적용하려면 많은 연구와 실험이 필요할 뿐 아니라 경제·환경문제를 해결해야 합니다. 이산화탄소를 제거하는 기술이 효과를 발휘할 수 있더라도 부작용과 위험성을 함께 고려해야 적용할 수 있습니다.

지구공학 기술의 문제

그럼 이산화탄소 제거 기술들의 장점과 문제점은 무엇일까요.

이산화탄소 직접 포집은 대기 중 이산화탄소를 효과적으로 제거할 수 있지만, 포집하고 추출하는 과정에 많은 에너지가 필요하며, 화석연료에 의존해야 합니다. 따라서 현재 이 기술은 비용이 매우 높고 상용화는 아직 요원합니다.

바이오매스 에너지 탄소 저장은 바이오매스를 이용하여 탄소 중립적으로 에너지를 생산하고 이산화탄소를 효과적으로 포집하여 지하에 저장할 수 있다는 장점이 있습니다. 하지만 문제점은 바이오매스 생산을 위한 경작지가 늘어나면 식량 생산에 영향을 줄 수 있고, 대규모 바이오매스 생산이 산림에 피해를 입히거나 생태계를 변화시킬 수 있다는 것입니다.

해양 생태계를 활용하여 이산화탄소를 효과적으로 흡수하고 저장할 수 있는 해양 탄소 흡수 및 저장의 문제점은 대규모 이산화탄소 흡수가 해양 생태계의 균형을 위협할 수 있으며, 해양에 저장하는 과정에서 지진이나 홍수 같은 자연재해에 노출될 수 있다는 것입니다.

숲 재생 및 식재를 활용하면 이산화탄소를 흡수하는 나무 등의 식물이 탄소 저장소가 될 수 있지만, 나무가 성장해서 충분한 양의 이산화탄소를 흡수하기까지 무척 많은 시간이 걸리기 때문에 효과를 즉각 얻기 어렵습니다. 또한 대규모 숲 재생이나 식재에 필요한 산림 면적이 부족하며, 숲의 다른 용도와 충돌할 수 있습니다.

탄산칼슘 변환은 이산화탄소가 재배출되지 않는 안정적인 형태로 저장할 수 있다는 것이 장점입니다. 하지만 칼슘을 사용하여 이산화탄소를 변환하므로 칼슘 자원이 충분하지 않으면 지속 가능성이 문제가 될 수 있습니다. 또한 이산화탄소가 변환되어 배출되는 칼슘 산화물이 지표면에 영향을 줄 수 있습니다.

지하 이산화탄소 저장 방식은 지하에 안정적으로 이산화탄소를 저장하여 대기 중에서 제거할 수 있습니다. 하지만 저장하는 지하층의 안정성 문제, 지진이나 지하수 오염 같은 위험이 있고, 이산화탄소 저장의 장기적 안정성과 지속 가능성도 고려해야 합니다.

이처럼 이산화탄소 제거 기술들은 환경적·경제적·사회적 측면에서 다양한 문제가 있습니다. 이러한 문제들을 극복하고 기술을 발전시켜야 이산화탄소를 제거하고 기후변화를 완화할 수 있습니다.

대기 중 이산화탄소를 직접 제거하면 효과가 있을까?

기후변화 대응의 효과적인 대안으로 공기 중 이산화탄소를 직접 포집하여 지하에 저장하는 이산화탄소 직접 포집 기술이 많이 제안되고 있습니다. 이산화탄소 직접 포집 플랜트는 대형 팬으로 주변 공기를 끌어들인 다음 액체 용매 또는 고체 흡착제로 이산화탄소를 포집합니다. 그러나 앞서 설명했듯 이 기술의 적용 가능성과 환경·경제적 측면의 효과에 대해서는 많은 논의가 필요합니다.

2023년에는 또 하나의 뉴스가 들려왔습니다. 미국 에너지부가 기후변화에 대응하는 수단으로 연간 최소 100만 톤의 이산화탄소를 감축하여 저장하는 기술에 12억 달러(약 1조 5,000억 원)를 지원하겠다고 발표했습니다.

추정에 따르면 지구온난화 정도를 2℃ 이하로 막기 위해서는

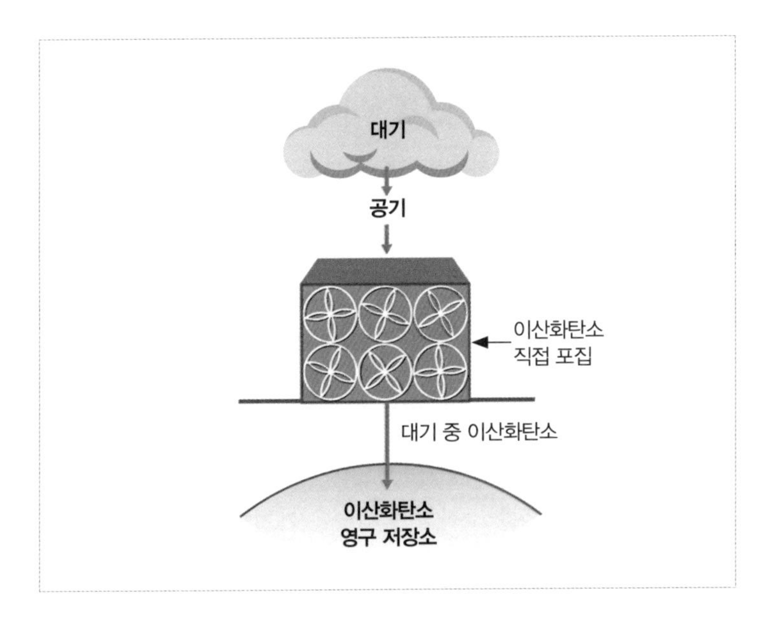

이산화탄소 포집 개념도

세계가 21세기 중반까지 매년 약 100억 톤의 온실가스를 감축해야 합니다. 이 수치를 달성하려면 100만 톤 용량의 이산화탄소 직접 포집 허브 1만 개가 필요합니다.

발전소 배출가스에서 이산화탄소를 제거하는 탄소 포집 및 저장 기술은 이산화탄소를 포집하여 지하나 해저에 저장합니다. 하지만 이러한 기술은 경제성과 안전성에 약점이 있어서 적용 가능성과 효과에 회의적인 의견이 많기 때문에 다른 방안과 비교 검토할 필요가 있습니다.

여러 연구자와 스타트업이 이산화탄소 포집 발전소, 이산화탄소를 포집한 광물을 토양과 바다에 분산하는 방법, 공기 중의 탄소를 고정한 바이오매스를 탄화시켜 토양이나 지하 광산에 묻는 방법 등 이산화탄소를 획기적으로 제거할 수 있는 다양한 방법을 연구하고 있습니다. 이러한 접근 방식 모두 신뢰성, 내구성, 확장성, 환경에 미치는 위험, 기술적 위험, 비용 측면에서 신중하게 검토할 필요가 있습니다.

일각에서는 기후변화로 인간과 생태계가 이미 많은 피해를 입고 있으니 대처를 위해 인위적 대응책을 모색하는 것은 필수적이며, 이를 중단할 필요는 없다고 주장합니다.

반면 인간이 기후를 조작하는 기술을 개발하려는 시도는 극도로 위험하며 지구를 파괴할 수 있다는 반론도 만만치 않습니다. 인간이 기후를 인위적으로 조작하면 예측하지 못한 부작용이 발생할 수 있기 때문입니다. 대기 중 이산화탄소 수치를 낮추기 위해 대기 중 먼지를 퍼뜨리는 방식 등이 시도되고 있지만, 이러한 방법은 지구 생태계와 인간 건강에 악영향을 미칠 가능성이 있습니다.

정리하면, 인위적 기후 조작은 환경문제를 해결하기 위한 효과적인 방법이 아니라고 할 수 있습니다. 대기 중 미립자는 다른 성분과 상호작용하여 예측할 수 없는 영향을 미칠 수 있으며, 또한 환경문제의 본질적인 원인을 해결하지 못합니다.

기후변화를 해결하기 위해서는 에너지 전환, 탄소 배출 감축 등 구체적이고 지속적인 노력이 필요합니다. 기후를 인위적으로 조작하는 지구공학적 기술Geoengineering은 아직 실험 단계이며 많은 연구가 필요합니다. 안전성과 효과성을 고려하여 연구하고 안전하고 효과적인 대응책을 모색해야 합니다.

2021년 미국과 캐나다의 연구진이 미국 서부 지역의 상층 대기에 미립자를 뿌리는 기후 조작 실험을 했습니다. 실험의 목적은 대기오염 물질을 배출하는 발전소나 교통량이 많은 지역에서 발생하는 오염을 줄이는 것이었습니다. 하지만 이러한 실험도 기후 조작 기술의 부작용에 대한 우려 때문에 검토와 논의가 계속되고 있습니다.

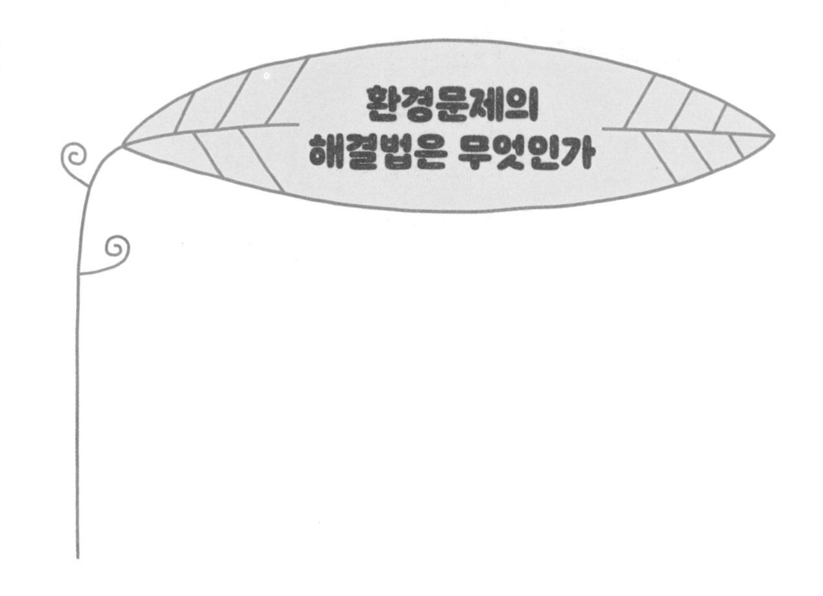

해결책을 제시하는 과학기술

지금까지 그래온 것처럼 과학기술은 앞으로 환경문제를 해결하는 데 중요한 역할을 할 것입니다. 그중 첫 번째는 재생에너지입니다. 환경친화적이며 지속 가능한 에너지를 제공하는 태양광, 풍력, 수력 등에 관한 재생에너지 기술이 계속 발전하고 있습니다. 화석연료 의존도를 줄이고 온실가스 배출을 감소시키는 데 큰 역할을 해온 이러한 기술의 발전은 참으로 중요합니다.

두 번째는 친환경 교통수단입니다. 전기자동차, 수소 연료전지 자동차 등 친환경 교통수단이 발전하면 대기오염과 온실가스 배출을 줄이는 데 도움이 됩니다.

세 번째는 스마트 그리드입니다. 에너지 효율을 높이고 전력 소비를 최적화하는 스마트 그리드 기술은 에너지 사용을 줄여서 환경에 미치는 영향을 최소화하는 데 중요합니다.

네 번째는 친환경 농업 기술입니다. 지속 가능한 친환경 농업 기술, 유기농업, 물관리 기술 등은 식량 생산을 늘리는 동시에 토양과 수자원을 보호하는 데 도움이 됩니다.

다섯 번째는 환경 모니터링 및 대응입니다. 환경 모니터링 시스템은 환경 센서, 인공지능 기술, 빅데이터 등을 활용하여 환경문제를 조기에 감지하고 효과적으로 대응하는 데 도움이 됩니다.

과학기술이 유일한 답일까

하지만 과학기술이 모든 문제의 답은 아니라는 반론도 자주 제기되고 있습니다. 사회와 정책의 변화 없이는 지속 가능한 변화를 이룰 수 없기 때문입니다. 물론 기술은 중요하지만, 사회적 요소와 정책적 결정을 함께 고려해야 합니다. 또한 과학기술을 통한 해결책은 늘 비용이 많이 들고, 결과가 나타나는 데 많은 시간이 걸리며, 결과가 보장되지 않기도 합니다.

기술 오용은 새로운 문제를 발생시킬 수도 있습니다. 예를 들어 대규모 태양광발전소는 땅과 자연 생태계를 파괴할 수도 있습니다. 또한 환경문제를 해결하려면 인간이 생각하는 가치와 윤리적 측면을 고려해야 하는데, 기술만으로는 이를 해결할 수 없습니다.

환경문제 해결에는 사회적 합의와 윤리적 고민이 필요합니다. 기술은 물론 중요하지만, 적절하게 사용해야 하며 우리의 사회적 가치와 윤리적 신념에 바탕을 둔 해결책이 필요합니다.

인간의 행동과 소비 패턴이 변하지 않으면 환경문제 해결은 의미가 없습니다. 해결책을 제시하는 기술을 효과적으로 활용하려면 행동과 소비 패턴이 변해야 합니다. 그러기 위해서는 지속 가능한 생활 방식을 채택하도록 하는 교육과 정보 전달이 필요합니다.

사회적 합의는 환경문제를 해결하는 데 중요한 요소입니다. 사회적 합의를 위해서는 다양한 이해관계자의 대화와 협력이 필요합니다. 또한 공정한 정보 전달과 의사 결정 과정의 투명성이 중요합니다. 환경문제에 대한 교육 프로그램이나 시민들이 참여하는 공론장을 마련하는 등의 방법으로 사회적 합의를 이룰 수 있습니다. 또한 정책 결정에 관련된 이해관계자들의 대화와 협력을 강화하여 지속 가능한 해결책을 찾아야 합니다.

그렇다면 지속 가능한 해결책을 위해서는 어떤 가치와 윤리적 측면을 고려해야 할까요? 예컨대 우리가 지구를 지속 가능한 상태로 유지하려면 공정성과 평등이라는 가치를 반영하여 자원을 공정하게 분배하고 사용할 필요가 있습니다. 이는 사회적 정의와 연결됩니다. 또한 우리에게는 지구의 자연을 보호하고 그 가치를 인지하여 미래 세대에게 더 나은 환경을 전달할 의무가 있다고 인식하고 존중하는 윤리적 태도가 필요합니다.

일회용 지구에 관한 9가지 질문

1판 1쇄 발행 2024년 11월 5일
1판 2쇄 발행 2025년 5월 2일

지은이 정종수
펴낸이 박남주
편집자 박지연·강진홍
디자인 책은우주다
펴낸곳 플루토
출판등록 2014년 9월 11일 제2014-61호
주소 07803 서울특별시 강서구 공항대로 237(마곡동) 에이스타워 마곡 1204호
전화 070-4234-5134
팩스 0303-3441-5134
전자우편 theplutobooker@gmail.com
ISBN 979-11-88569-74-8 03400

- 책값은 뒤표지에 있습니다.
- 잘못된 책은 구입하신 곳에서 교환해드립니다.